Verlag | ID: 128-50040-1010-1082

CO_2-Emissionen vermeiden, reduzieren, kompensieren –
nach diesem Grundsatz handelt der oekom verlag.
Unvermeidbare Emissionen werden durch Emissions-
minderungszertifikate mit Gold Standard ausgeglichen.
Mehr Informationen finden Sie unter: www.oekom.de

Bibliografische Information der Deutschen Nationalbibliothek:
Die Deutsche Nationalbibliothek verzeichnet diese Publikation
in der Deutschen Nationalbibliografie; detaillierte bibliografische
Daten sind im Internet über http://dnb.d-nb.de abrufbar.

© 2014 oekom verlag München
Gesellschaft für ökologische Kommunikation mbH,
Waltherstraße 29, 80337 München

Abbildungen: S. 37: Color-Partner, Gelsenkirchen;
S. 41: Foto Röse, Berlin; S. 44: Fotostudio Jürgen Querbach,
Wesseling; S. 69: Greenpeace, Rodrigo Baleia; S. 168: Emil
Perauer, Salzburg; S. 222, 226: Jens Bruchhaus, München;
alle anderen: Herrmannsdorfer Landwerkstätten, Schweisfurth-
Stiftung, Privatarchiv Karl Ludwig Schweisfurth.

Lektorat: Sebastian Hofmann & Dr. Manuel Schneider
Korrektorat: Katrin Horvat

Druck: CPI books GmbH, Leck
Dieses Produkt ist auf Druckpapier gefertigt, das nach den
Richtlinien des Forest Stewardship Council® (FSC®) für
verantwortungsvolle Waldbewirtschaftung zertifiziert ist.

ISBN 978-3-86581-470-8

Karl Ludwig Schweisfurth

Der Metzger, der kein Fleisch mehr isst …

In Zusammenarbeit
mit Claus-Peter Lieckfeld

INHALT

Geleitwort

Ich habe schon in frühen Jahren meines Lebens angefangen, Ereignisse und Begebenheiten, die mir wichtig erschienen und die mich in positiver oder negativer Weise berührt haben, aufzuschreiben. Diese Aufzeichnungen, Schriften, Bücher und Gespräche hat Claus-Peter Lieckfeld in sprachlich lebendiger und anregender Weise zu diesem Buch zusammengefasst.

Ich kenne und schätze Claus-Peter Lieckfeld, einen ökologisch inspirierten Wissenschaftsjournalisten der ersten Stunde, seit sehr vielen Jahren und habe in der Vergangenheit oft und gerne mit ihm zusammengearbeitet. So kennt er sehr genau meine Gedanken zum Umgang mit der Natur, besonders bei der Erzeugung von »Lebens-Mitteln«, wie sie in Herrmannsdorf beispielgebend praktiziert werden.

Es war mir ein Anliegen, meine Gedanken und Erfahrungen zum Leben und zu den »Lebens-Mitteln« in 14 Geschichten und Stationen zu beschreiben, um meinen langen Weg vom handwerklichen Metzger, über den Fleischindustriellen zum »aufgeklärten« Metzgermeister und »Auswärts-Vegetarier« erfahrbar zu machen.

Karl Ludwig Schweisfurth
München, Februar 2014

Vorwort

Als ich zum ersten Mal von Karl Ludwig Schweisfurth und seiner Lebensgeschichte hörte, von seinem Weg vom Fleischfabrikanten zum Öko-Bauern und Auswärts-Vegetarier, dachte ich: Das klingt wie der Stoff, aus dem Hollywood seine Filme macht. Tatsächlich konnte ich mich bei einem Besuch in Herrmannsdorf davon überzeugen, dass Herr Schweisfurth keine Fiktion eines fantasievollen Drehbuchautors ist, sondern ein sehr realer, bodenständiger Mann – im wahrsten Sinne des Wortes: Was Karl Ludwig Schweisfurth und mich eint, ist die Liebe und Verbundenheit zum Boden, der uns nährt, dessen Leben Voraussetzung ist für alles Leben auf der Erde. Als wir durch Herrmannsdorf gingen und er mir sein Verständnis von Landwirtschaft darlegte, hatte ich sehr stark das Gefühl, eine verwandte Seele getroffen zu haben. Freilich eine, die bereits verwirklicht hat, wovon ich noch träume: einen eigenen Bauernhof mit angeschlossenen Verarbeitungsbetrieben, in dem mit, nicht gegen die Natur gewirtschaftet wird und ethische Aspekte eine herausragende Rolle spielen. Ich war sehr beeindruckt von seiner Vision, die Idee von Herrmannsdorf in andere Ecken der Welt zu »exportieren«, um dort »Leuchttürme« zu bauen, die aus dem Meer der industrialisierten Landwirtschaft herausragen.

Sich mit Karl Ludwig Schweisfurth über die Zukunft der Agrarwirtschaft und Lebensmittelproduktion zu unterhalten, ist eine Quelle der Inspiration. Seine Idee von der »Symbiotischen Landwirtschaft«, in der alle Organismen – Pflanzen, Tiere, Kleinstlebewesen, Menschen – in gegenseitigem Nutzen zusammenleben und -wirken, klingt heute für einige nach einer weltfernen Öko-Utopie. Doch wer so denkt, übersieht, dass die Zeiten, in denen die Lebensmittel noch im Einklang mit der Natur produziert wurden, in denen noch alles »öko« war, erst seit wenigen Jahrzehnten vorbei sind. Das derzeit vorherrschende Modell der Agroindustrie mit ihren Monokulturen, ihrem Kunstdünger und ihren Hybridnutztieren, ihrem Konzept des »Wachse oder weiche«, bei dem globale Konzerne nicht davor zurückschrecken, sich unser aller Erbe, das Saatgut, anzueignen, ist ein vergleichsweise modernes Phänomen – und doch hat diese Idee der Landwirtschaft keine Zukunft. Dieses System, das Lebensmittel produziert, aus denen das Leben systematisch entfernt wird, ist in eine Sackgasse geraten, denn es verschwendet Ressourcen, schafft Ernährungsungerechtigkeiten und zerstört unsere Böden.

Karl Ludwig Schweisfurth hat gezeigt: Es gibt eine Alternative zu Massentierhaltung und Monokulturen. Es ist möglich, Tiere von der Geburt bis zur Schlachtung respektvoll zu behandeln und dabei trotzdem Gewinne zu erzielen. Es ist möglich, wenn man auf kleine, heterogene Einheiten setzt, in Kreisläufen wirtschaftet und handwerklich arbeitet. Der Weltagrarbericht hat uns auf globaler Ebene ein ähnliches Rezept verordnet, ein Rezept für eine Landwirtschaft, die alle Menschen ernährt – heute und zukünftig.

Überhaupt tun wir gut daran, das Handwerk wieder zu entdecken und wertzuschätzen. Karl Ludwig Schweisfurth hat seine handwerklichen Wurzeln nie vergessen: Er war schon lange Chef eines milliardenschweren Fleischimperiums, als er seine Meisterprüfung als Metzger ablegte. Während in der industriellen Fertigung alles immer möglichst gleich sein muss, macht beim

(Kunst-)Handwerk gerade das Individuelle den Reiz aus. Bei mir schmeckt beispielsweise der Kartoffelsalat jedes Mal anders, je nachdem welche Kartoffelsorte ich verwende, welche Kräuter ich gerade vorrätig habe, wie viel von welchem Gewürz ich beigebe. Demgegenüber schmeckt ein industriell gefertigter Kartoffelsalat aus dem Supermarkt immer gleich. Wir haben uns von der Lebensmittelindustrie davon überzeugen lassen, dass das so sein soll, dass wir Verbraucher das so wollen. Was dabei auf der Strecke bleibt, ist unser Geschmackssinn, weil wir die Vielfalt nicht mehr kennen und schon gar nicht mehr zu schätzen wissen. Das ist beim Kartoffelsalat nicht anders als bei der einzelnen Tomate oder eben bei Wurst und Fleisch.

»Warmfleischmetzgerei« heißt das alte, handwerkliche Modell, das Karl Ludwig Schweisfurth propagiert. Dabei wird das Fleisch direkt nach der Schlachtung, solange es noch warm ist, weiterverarbeitet. Ich verspreche Ihnen: Wenn Sie jemals in Herrmannsdorf eine Bratwurst oder ein Schnitzel gekostet haben, wollen Sie niemals mehr Fleisch aus anderer Produktion essen. Es ist einfach köstlich! Ich bin davon überzeugt, dass dies nicht nur an der Art der Fleischverarbeitung liegt. Man schmeckt, dass die Tiere mit Achtung vor der Kreatur aufgezogen, bis in den Tod liebevoll begleitet und stressfrei geschlachtet wurden. Man schmeckt die Achtsamkeit, die hier den Lebensmitteln und damit dem Leben selbst entgegengebracht wird.

Was mich auf meinem Weg durch die Herrmansdorfer Landwerkstätten im Hinblick auf meine eigene Arbeit stark inspiriert hat, ist: Es geht auch anders! Wir können eine Landwirtschaft denken und leben, die Kooperation und Harmonie vor Konkurrenz und Ausbeutung setzt, die keinen Krieg führt gegen sich selbst, gegen die Natur und ihre Gesetze.

Wir können Landwirtschaft noch einmal neu erfinden!

Ich freue mich sehr, dass Karl Ludwig Schweisfurth seine Erfahrungen und Erkenntnisse zu Papier gebracht hat. Mit diesem Buch halten Sie einen ungewöhnlichen Einblick in den Werdegang eines ungewöhnlichen Menschen in den Händen. Karl Ludwig Schweisfurth schreibt sehr offen. Er lässt seine Leserinnen und Leser freimütig an seiner Familiengeschichte, an seinem Leben als Sohn, Vater, Unternehmer, Kunstliebhaber und Öko-Bauer teilhaben. Dabei spart er nicht mit Selbstkritik, berichtet von so mancher Sackgasse, in die er geraten ist, von den Irrwegen, denen er in seinem ereignisreichen Leben folgte. Aus Rückschlägen und Fehlern hat er stets gelernt und darauf seine Erfolge aufgebaut. Wem wäre das fremd?

Indem Karl Ludwig Schweisfurth mit uns seine faszinierende Lebensgeschichte teilt, uns mit seinem Fachwissen und seiner praktischen Erfahrung vertraut macht, entsteht bei uns Lesern der Wunsch, ein mindestens ebenso sinnvolles Leben zu leben, ein Leben, welches in enger Verbindung steht mit allen anderen Mitgeschöpfen und der Natur, in der und von der wir alle leben.

Und wer weiß: Vielleicht findet sich ja tatsächlich ein Hollywood-Studio, das Schweisfurths Lebensweg verfilmt und seine Ideen so einem internationalen Millionenpublikum bekannt macht. Vielleicht entsteht daraus eine Massenbewegung, die auf globaler Ebene ein anderes, menschlicheres System ermöglicht, ein System, welches zukunftsfähig denkt und lebt. Das Leben schreibt immer noch die besten Geschichten.

Die Körner für eine fruchtbare und wünschenswerte Saat sind jedenfalls gesät; mögen sie zahlreich aufgehen und in Schönheit gedeihen!

Sarah Wiener, Dezember 2013

Kapitel 1

Drei Meter fünfzig
über dem Boden

„Dumme rennen
Kluge warten
Weise gehen in den Garten."

Tagore

»Reicht es eigentlich nicht, du alter Knochen?!«

In meinen 30ern und 40ern war ich Europas größter industrieller Fleischproduzent und zeitweilig Präsident der Europäischen Fleischwarenindustrie. 1986 gründete und gestaltete ich ein Zentrum für nachhaltige, ökologische »Lebens-Mittel« in Herrmannsdorf bei Glonn, in der Nähe von München. Und kurz zuvor, 1985 – im selben Jahr, in dem ich die *Herta Artland Dörfler GmbH & Co. KG* verkaufte – gründete ich eine Stiftung, die sich der Suche nach Auswegen aus der ökologischen Krise insbesondere in der Landwirtschaft verschrieben hatte. Einer Suche entlang der Leitfrage: Was führt zu einem achtsamen Umgang mit Tieren, mit den Böden und mit den Menschen? Anfang meiner 70er, vor mehr als zehn Jahren, bin ich auch noch Lehrstuhlinhaber geworden.

Mein Lehrstuhl ist ungefähr drei Meter fünfzig hoch und steht im Freien. Wenn der Wind den Regen sehr flach übers Alpenvorland zieht, werde ich hier oben nass. Wenn es sehr heiß ist, behelfe ich mir mit einem großen Sonnenhut. Lehrstühle im Elfenbeinturm der Wissenschaft sind trockener, schattiger und bequemer. Aber wohl auch langweiliger.

Von meinem Ansitz aus, kann ich einen Gutteil der vier Hektar überblicken, auf denen ich mir eine große Versuchsanordnung eingerichtet habe – mit wissenschaftlicher Hilfe und viel praktischer Unterstützung von Menschen, die den richtigen, den fairen, den nachhaltigen Umgang mit Nutztieren noch nicht verlernt haben. Wir wollen dort herausfinden, wie sich Lebensformen – vor allem solche, die wir landwirtschaftlich einsetzen – zueinander verhalten, wie sie sich gegenseitig nutzen und optimieren. Für dieses Forschungsfeld habe ich den Namen »Symbiotische Landwirtschaft« gewählt, denn um Symbiosen, das Zusammenwirken von Lebewesen verschiedener Arten zum gegenseitigen Nutzen, geht es. Um das natürliche, wunderbare Ineinandergreifen, das in der Natur geschieht, sofern der Mensch nicht grob dazwischenlangt.

Was wir hier erreicht haben, darüber habe ich bereits an anderer Stelle berichtet (www.tierisch-gut-leben.info). Ich möchte Sie, die Sie dieses Buch aufgeschlagen haben, einfach nur einladen, sich kurz, ein paar Leseminuten vielleicht, mit mir auf den Lehrstuhl am Nordwestrand von Herrmannsdorf zu setzen. Probesitzen gewissermaßen, damit Sie abschätzen können, ob Ihnen die Lebensstationen, die ich im Folgenden vorstellen möchte, etwas sagen könnten. Erkenntnisgewinn oder Unterhaltung ... bestenfalls bekommen Sie beides.

*

Es ist Oktober, das Laub ist noch goldgelb und es leuchtet in der Sonne. Dort, wo die Schweine die Erde umgepflügt haben, dampft es. Die »Schwäbisch-Hällischen« haben sich gerade vom Mittagsschlaf erhoben. Die einen hatten die Tagesmitte unter einer weit ausladenden Hecke verdöst, die anderen sich in das Untergeschoss der warmen Holzhütte verzogen. Einige Hühner hatten es sich auf den Schweinen gemütlich gemacht und den Schläfern irgendetwas von der Haut gepickt. Parasiten, winzige Fliegen und dicke Brummer.

Die Gänse haben gerade ihr Bad beendet. Sie nutzen eine mobile Badeanstalt – wäre sie unbeweglich, würden die Ränder rasch verschlammen – und schließen diesen Teil der Tagesgestaltung mit sorgfältiger Gefiederpflege ab. Gänse können mit ihrem Schnabel sehr viel mehr als Schnattern und Zupfen. Jetzt ist der Badeplatz frei für die Enten, die sich begeistert in das kühle Nass stürzen.

»www« – lautet das Kürzel für Schweisfurths Weideschweine in Herrmannsdorf (www = Weide, Wühlen, Wurzeln).

Die Hühner begleiten nun die Schweine bei ihrer nachmittäglichen Vesper. Sie wissen genau, was sie an den Schweinen haben, die beim Wühlen Kleinstlebewesen, Würmer, Schnecken, Springschwänze, Larven und Wurzeln freilegen. Schweine und Hühner haben nie verlernt, dass gute Erde zu einem Großteil aus Lebendigem besteht. Sie wissen es nach wie vor, obwohl viele Generationen vor ihnen in Ställen lebten oder auf Spaltenböden vom lebendigen Boden getrennt waren.

Schweine und Hühner sind Erdtiere, sie leben von der Erde, sie müssen stöbern, scharren und picken. Dafür hat das Schwein einen starken Rüssel und das Huhn Schnabel und Scharrfüße. Ein Schwein, das nie im Boden herumwühlen darf, wird lebenslänglich misshandelt. Es weiß nicht (in seinen schweinemäßigen Grenzen des Wissens), dass es Schwein ist, und es ist genauso arm dran wie ein Huhn, das nicht scharren kann. Unsere dürfen. Und wie!

Wir bemühen uns in Herrmannsdorf, alte Nutztierrassen einzusetzen, bei denen die Hennen eine befriedigende Anzahl von Eiern legen und die Hähnchen in vertretbarer Zeit gutes Fleisch bringen. Solche unverfälschten, nicht auf abnorme Leistungen gezüchtete Rassen muss man heute mit der Lupe suchen. Weltweit gibt es fast nur noch sogenannte Hybride. Hochleistungstiere, die mit modernsten Zuchtmethoden aus verschiedenen Inzuchtlinien entstanden sind und in zwölf Monaten über 300 Eier legen können. Zu einem – für die Hühner – hohen Preis: Denn die Tiere sind danach ausgezehrt und krankheitsanfällig, die Legeleistung nimmt rapide ab, so dass sie bereits nach kurzer Zeit durch neue Hennen ersetzt werden müssen. Diese Turbotiere sind für eine bäuerliche Freilandhaltung nicht mehr geeignet, weil sie dort nicht das hochenergetische Futter finden, auf das sie in den Laboren gezüchtet wurden.

Früher hat man ausgesonderte Legehennen noch als Suppenhühner vermarkten können. Doch die nach einem Jahr ausgemusterten Legehybride sind so ausgemergelt und mager, dass sie für eine gute, kräftige Suppe nicht mehr taugen. Heute werden die Hybride nach einem Jahr als Fleischabfall entsorgt oder enden als Zugabe in Hunde- oder Katzenfutter. Schätzungsweise werden jährlich um die 40 Millionen Legehühner in Deutschland weggeworfen. Das ist Dummheit, das ist Frevel, wie auch das Schreddern und Entsorgen von circa 40 Millionen männlichen Küken, die als wirtschaftlich nutzlos gelten.

In keinem Bereich der Landwirtschaft und der Lebensmittelerzeugung sind die Eingriffe in die Natur größer als bei den Legehennen, den Masthähnchen und den Mastputen der Hochzucht und Intensivhaltung. Wenn wir Eier essen, verspeisen wir Eier von »Bastarden«. Wenn wir eine Putenbrust verzehren, essen wir das Fleisch eines Tieres, das genetisch verändert wurde, um in aberwitzig kurzer Zeit zum Fleischmonster aufgeblasen zu werden. Ein Akt großer Brutalität, der in den letzten Tagen eines Putenlebens dazu führt, dass die Tiere nicht einmal mehr stehen können, weil ihr Fleischgewicht sie zu Boden drückt. Die Reduktion genetischer Vielfalt ist Programm, ein geheimes im Übrigen, was für die wenigen, den Weltmarkt beherrschenden Kükenlieferanten den Vorteil hat, dass nur sie den Schlüssel zur Vermehrung in Händen halten. Hybride kann ein Bauer nicht selbst züchten, er kann sie nur von den Monopolisten, von weltweit drei großen Konzernen, beziehen. Was lassen wir da zu! Was hat es für Auswirkungen auf uns, auf die Tiere und die Natur? Was sind die Langzeitwirkungen, zumal Geflügelmassentierhaltung ohne heftigen Antibiotikaeinsatz nicht möglich ist? Bei aller wissenschaftlicher Intelligenz, die sich hinter den gigantischen Ställen entfaltet: Wo endet der manische Zwang, Eier und Fleisch zu immer niedrigeren Preisen in den Markt zu drücken? Mein Verstand sagt mir, das kann auf Dauer nicht ohne Totalschaden so weitergehen. Meine Entscheidung: Das esse ich nicht mehr!

*

Der gegenseitige Nutzen, den *unsere* »altrassigen« Hühner und die buntscheckigen Schweine genießen, offenbart sich im symbiotischen Miteinander von Schwein und Huhn. Die Großen beschützen die Kleineren vor den überall vorhandenen Beutemachern (kein Fuchs wagt sich in die Nähe von Schweinen, denn es stinkt ihm im wahrsten Sinne des Wortes), und Borstenvieh macht wühlend dem Federvieh Futter zugänglich. Die Hühner ihrerseits »revanchieren« sich mit Körperpflege und sorgen für

Hygiene im Boden, indem sie Schädlinge aufpicken und so die Ausbreitung von Krankheitserregern verhindern. Wo Tiere in Gruppen leben, entwickeln sich Bakterien und Parasiten. Auf der Weide gelangen sie mit den Ausscheidungen der Tiere auf und in den Boden. Das sehen Hygieniker als Gefahr. Zu Recht. In den Ställen werden deshalb (chemische) Desinfektionsmittel eingesetzt. Wir ersetzen Chemie durch Hühner, sie »desinfizieren« den Boden. Das funktioniert, wie uns Tierärzte durch sorgfältige Beobachtungen bestätigt haben.

Zurück auf meinem Lehrstuhl: Die Gänse und Enten – beide hatten ja auf getrennte Badezeiten bestanden – vermischen sich nun wieder zu einer Großherde, die sich geräuschvoll über frischen Salat hermacht. Etwa um diese Tageszeit hatte ich im Sommer eine ungewöhnliche Beobachtung gemacht, etwas nie Gesehenes, wie mir Experten, denen ich davon berichtete, versicherten. Zwei Gänse näherten sich pfeilschnell einer Gruppe weidender Schweine, zupften an deren Schwänzen und Ohren, beugten sodann die Hälse über die Schweinerücken. Eine Weile verharrten die Tiere so, bewegungslos, als hätte ein Turntrainer die Anweisung gegeben, eine Übung in der Bewegung einzufrieren. Dann zogen sich die Gänse zurück, und die Schweine regten sich wieder. Aus, vorbei, kein Nachspiel. Es ist offenbar kein vernünftiger Grund für dieses Verhalten erkennbar. Könnte es einfach Zuneigung oder Wohlgefallen gewesen sein? Etwas, das wir Menschen exklusiv für uns reklamieren?

Ich habe etliche gute Freunde, darunter wissenschaftlich geschulte, die mich vor solchen Äußerungen warnen. »Karl Ludwig, in der Verhaltensforschung und auch in der Haustier-Ethologie zählen nur Beobachtungen, die sich wiederholen lassen. Hüte dich vor Spekulationen!«

Weideschweine mit Gänsen in der »symbiotischen Landwirtschaft«
der Herrmannsdorfer Landwerkstätten.

Gut, das will ich beherzigen. Aber ich will keine Blockaden. Denkblockaden schon gar nicht. Es wurde in letzter Zeit bei Tieren so vieles entdeckt und bewiesen, was lange als nur der menschlichen Sphäre zurechenbar galt: Schimpansen, die Begriffe bilden, Elefanten, die offenbar ein Todesbewusstsein haben, Rabenvögel, die knifflige Aufgaben nach den Gesetzen der formalen Logik lösen. Also frage ich: Was machen meine Weidetiere da miteinander? Alles nur vom Instinkt gesteuerte Automatismen? Und wie gehen sie dann mit Ressourcen, mit Pflanzen und dem Boden um?

Wir versuchen, denkend und forschend in die Lebenswelt von Tieren einzudringen, mit recht begrenztem Erfolg. Tiere, das immerhin wissen wir, finden sich in ihrer Welt gut zurecht. Wenn man sie denn lässt. Sie wissen (»wissen« auf eine für uns nicht nachvollziehbare Art und Weise), was gut für sie ist und was schlecht. Und sie zeigen uns unmissverständlich, was im Umgang mit ihnen angemessen ist. Sie sind keine seelenlosen Wesen, keine Maschinen, wie es der gläubige Philosoph René Descartes vor rund 400 Jahren postulierte. Von seinen Zeitgenossen auf tierische Schmerzensschreie hingewiesen – »Monsieur Descartes, wann hörte man je von Schmerz empfindenden Maschinen?« –, verglich der Begründer des Rationalismus diese Schreie mit dem Kreischen eines schlecht geölten Räderwerkes. Ihre Körper reagierten, wie in der Mechanik, nur auf Druck und Stoß nach dem Ursache-Wirkung-Prinzip. Werde ein Hund getreten (Ursache), jaule er auf (Wirkung), wie eine Tür quietscht, die man nicht richtig geölt hat.

Descartes war ein sehr belesener Mann. Aber wusste er auch von Heraklit, dem ältesten unter den berühmten griechischen Philosophen? Der sprach von der »Harmonie der Originale«. Ich denke, er meinte damit das harmonische Zusammenspiel vieler originaler Wesen, Wesenheiten und Elemente: Boden, Wasser, Pflanzen, Tiere und Menschen. Das heutige Verhältnis von Mensch und Natur ist dagegen zutiefst gestört. Wir leben in einem kriegsähnlichen Zustand mit der Natur. Und dabei handelt es sich um einen Krieg, den wir nicht gewinnen können. Woran wir uns versuchen müssen – und das will ich –, ist Heilung!

*

Heilung wurde schon oft, wird fast täglich angemahnt und beschworen. Im September 2011 sprach Papst Benedikt im Deutschen Bundestag über das Naturrecht. Er sprach von einem Recht, das immer schon da war, lange bevor es Menschen gab. Immer schon? Ein Recht, das ohne menschliches Bewusstsein und Regelsetzung existiert (haben soll), kann für gläubige Menschen nur göttliches Recht sein. Wenn dem so ist, wenn Naturrecht Gottesrecht ist, dann wäre Zuwiderhandlung Sünde, oder?

Was ist Herrmannsdorf?

Aus der Luft betrachtet, ein Ensemble von Häusern und Scheunen in eigenwilliger Architektur, zu einem lockeren Karree geordnet, aufgelockert von Grünflächen, Busch- und Baumgruppen.
Auf der Landkarte betrachtet, ein Weiler, 30 Kilometer südöstlich von Münchens Stadtzentrum gelegen, wenige Kilometer nördlich von Glonn.
Ideengeschichtlich betrachtet, die seit 1987 Realität gewordene Idee ihres Gründers, Karl Ludwig Schweisfurth, an einem Ort Landwirtschaft, Tierhaltung sowie »Lebens-Mittel«-Erzeugung, -vermarktung und -genuss zu versammeln – und sich dabei dem Ziel eines »nachhaltigen, achtsamen Umgangs mit Tieren, Pflanzen, Menschen und Böden« so weit wie möglich anzunähern. Ferner: Nachmachbare Zukunftsmodelle zu entwickeln – Leuchttürme zu setzen!
Im Einzelnen betrachtet ist Herrmannsdorf das Ensemble verschiedener Produktionsstätten – hier Landwerkstätten genannt, weil in dieser Bezeichnung der Anspruch, gute Handwerksarbeit zu leisten, mitklingt. Es gibt eine Warmfleischmetzgerei, eine Rohmilchkäserei, eine Natursauerteig-Bäckerei, eine Spezialitätenküche, Gemüseanbau, eine Brauerei; ein Hofladen und ein hochklassiges Landgasthaus sind dem zugeordnet.
Was nicht selbst in Herrmannsdorf heranwächst, liefern circa 100 nach ökologischen Richtlinien arbeitende Landwirte aus der Region. Herrmannsdorf-Lebensmittel werden in mehr als einem Dutzend eigener Läden (überwiegend in der Region, mit dem Schwerpunkt München) angeboten.
Es gibt ein Bio-Catering und Freizeitangebote für Kinder und Jugendliche, das Schweisfurth-Planungsteam, das daran arbeitet, Herrmannsdorfer Erfahrungen für kreative Nachahmer zu adaptieren ... und viel erwanderbare Kunst in und um die Landwerk-

stätten. Und natürlich die »erste private landwirtschaftliche Versuchsanstalt für eine symbiotische Landwirtschaft«.

Das nahegelegene, außerordentlich schöne Gut Sonnenhausen, geleitet von Georg Schweisfurth, ist heute ein Tagungs-, Bildungs- und Festhotel, das sich auch als Geburtsstätte für Ideen und Konzepte bewährt hat.

Im Besonderen betrachtet ernährt Herrmannsdorf, das heute von Karl Schweisfurth und seiner Frau Gudrun geleitet wird, 200 Mitarbeiter, circa 100 Partner-Bauern und rund 25 000 Kunden (Stand Januar 2014). Herrmannsdorf produziert nachahmbare Landwirtschafts-Konzepte und »Lebens-Mittel«, bei denen »Leben« der entscheidende Inhaltsbestandteil ist.

Mehr unter: www.herrmannsdorfer.de

Kürzlich erlebte ich eine der schlimmsten Hühnerhaltungen, die ich bis dato gesehen hatte – ausgerechnet in einer klosterbrüderlich betriebenen Landwirtschaft. Von Auslauf in frischer Luft keine Spur, keine Möglichkeit, Grünes zu futtern und Lebendiges aus der Erde zu picken. Ich wandte mich an einen Bruder im Arbeits-Overall: »Oh nein«, meinte der, »die Hühner wollen gar nicht rausgehen.« »Das ist Gotteslästerung, was Sie hier veranstalten«, hätte ich fast gesagt und am liebsten noch hinzugefügt: »Scheinheilige Brüder!« Ich ärgerte mich dann mehrere Tage lang, aus einem Höflichkeitsimpuls heraus – ich war ja geladener Gast – nichts gesagt zu haben.

Ob die »Brüder Agrararbeiter« wohl irgendeine Beziehung sehen (können), zwischen der Namenswahl ihres neuen, argentinischen Papstes Franziskus, dessen Patron der Heilige der Tierliebe ist, und ihrer alltäglichen Tierhaltungspraxis? Und muss man nicht erwarten dürfen, dass in einem Kloster die Tiere als Mitgeschöpfe gesehen und behandelt werden? Praktisch gelebte Schöpfungsverantwortung ... Wieder nur so eine fromme Floskel? Geht es einmal mehr nach der erprobten Maxime: Wasser predigen und Wein trinken? Die frohe Botschaft für die Ohren und Billigeiweiß für den Bauch – beides vom gleichen Absender.

Wir haben uns außerhalb und über die Natur und ihre Gesetzmäßigkeiten gestellt. Das gelingt vielen deshalb so reibungslos, weil die (Trug-)Bilder durchaus schön sein können. Da sehen wir blühende Rapsfelder bis zum Horizont und brechen in Jubel aus: »Ach, wie herrlich! Ich liebe die Natur.« Aber es ist vergewaltigte Natur. Stumpfsinnige *Monokultur*. Es sind Schlachtfelder des Krieges gegen das Bodenleben, gegen bestäubende Insekten, gegen die Vielfalt von Blütenpflanzen. Und dieser Tod ernährt uns.

Dabei sagt und zeigt das Leben, zeigt uns die Natur ja doch deutlich und plastisch genug, wo ihre *guard lines* verlaufen: Die Natur kennt keine Monokulturen. Überall auf diesem Planeten leben bestimmte Pflanzen, Tiere, Mikroorganismen miteinander – üppig oder kärglich: je nach den Bedingungen des Standorts. Das gilt für Wüsten und die fruchtbare Magdeburger Börde, das gilt für die argentinische Pampa genauso wie für das Grünland der bayerischen Voralpen, für den tropischen Regenwald wie die russische Tundra. Vielfältiges Leben – überall.

Entschuldigen Sie bitte, ich habe Sie auf meinen holzbeinigen Lehrstuhl in Herrmannsdorf eingeladen, und wir sind über Schwein, Huhn, Gans und Ente abgerutscht zu Papst und Naturrecht und zu den erdschweren Seinsfragen. Das war so nicht geplant. Und wenn Sie jetzt unter »Naturrecht« nachblättern oder googeln, werden Sie auf sehr viel schwer verdauliche Kost stoßen. Von Cicero, Hundert vor Christus, über Thomas von Aquin, ausgehendes Mittelalter, bis John Locke, dem Mit-Inspirator der amerikanischen Verfassung. Nur Mut! Für mich ist das Erkenntnisorgan für das, was Geistesgeschichtler »das natürliche Recht« nennen, das Herz und nicht der Kopf. Die Intelligenz, die im Kopf sitzt, ist nicht geerdet. Sie ist erwiesenermaßen zu schwach.

Und das Herz war es wohl auch, das mich für die Kunst öffnete. Davon muss jetzt die Rede sein, denn wäre nicht *Kunst in die Fabrik* gegangen – in meine Fabrik in diesem Fall –, dann wäre ich wohl nicht zu den Tieren gekommen. Dieser seltsame Weg vom Fleischgroßindustriellen zum Auswärts-Vegetarier war auch ein »Kunststück«, ich meine: ein Stück, das existenziell mit Kunst zu tun hatte. Und noch immer hat. Also schenken Sie mir doch ein wenig Ihrer Zeit und begleiten Sie mich ein paar Dutzend Seiten auf meinem Weg.

Kapitel 2

Das Auto, das (m)eine Geschichte erzählt

„Das Zweckmäßige
muss auch schön sein,
denn auch Schönheit
ist ein Lebens-Mittel."

Wenn man Kunst gesammelt hat, wenn man immer wieder Umgang mit bedeutenden Künstlern hatte, wenn man sich häufig als Mäzen versucht hat, dann kann man sich darauf verlassen, dass eine bestimmte Frage immer wieder gestellt wird: »Was ist Kunst?« Oder die gleiche Frage etwas persönlicher gestellt: »*Was ist für Sie Kunst, was ist Ihr Kunstbegriff?*«

Eine Zeit lang – in meinen frühen mittleren Jahren – meinte ich, es sei ehrenrührig, auf diese Frage keine Antwort zu haben. Man kann sich doch schlecht als Kunstliebhaber, als Kunstförderer, als Kunstanreger gerieren, ohne zu wissen, in welchem Medium man sich da bewegt. Ich habe dann irgendwann bemerkt, dass Kunstkritiker, Kunstwissenschaftler, selbst ausgewiesene Kunstprofis auch nicht sagen können, was denn nun Kunst sei. Nicht so richtig, jedenfalls. Auch die, die viel darüber reden, lavieren meist drum herum. Sie sprechen oft auf hohem Niveau, doch am Ziel vorbei.

Mir hat mal ein Naturwissenschaftler gesagt, Wasser sei so außergewöhnlich, so unvergleichlich einzigartig unter allen Elementen und Elementverbindungen, dass man es zwar formelhaft umschreiben, messen und analysieren, es aber nicht umfassend und befriedigend *fassen* könne. Man kann allerdings die Funktion und die Wirkung von Wasser sehr gut *er*-fassen und beschreiben. So geht es mir auch mit der Kunst. Die Frage, was das ist, lasse ich beiseite. Ich kann sie nicht beantworten. Aber ich sehe Wirkung. Die interessiert mich. Was macht ein Nagelbild von Günther Uecker mit mir, was macht es mit anderen? Die einschlägigen Kataloge (und die Preislisten) sagen, Uecker sei Weltkunst, weil … Und dann folgt irgendeine Begründung, die ich sehr wahrscheinlich nicht begreife. Es ärgert mich nicht, dass ich sie nicht verstehe, all diese Kunstexperten und ihre

Definitionen. Ich sehe, ich spüre Wirkung, fühle mich fasziniert, sehe die Faszination bei anderen. Ich weiß nicht, was Wasser ist. Aber es ist wunderbar. Das merke ich beim Trinken, Schwimmen und Segeln. Nicht beim Definieren.

Als ich mich Mitte der 70er Jahre entschloss, in den Verwaltungs-, Aufenthalts- und Produktionsräumen der *Herta*-Fleischfabrik in Herten, Nordrhein-Westfalen, Kunst auszustellen, tat ich das als Amateur, als Liebhaber. Natürlich gab es Leute, die lange vorher Kunst in den öffentlichen Raum geholt hatten; es gab zum Beispiel diverse Skulpturenparks. Aber Kunst in Produktionsräumen – sehr wertvolle Originalkunstwerke noch dazu –, das gab es so noch nicht.

Wir hatten damals kein theoretisches Gerüst. Nur ein paar Erwartungen, von denen ich noch reden will. Erwartungen, so wie experimentierende Chemiker eine hypothesenhafte Vorstellung von dem haben, was passieren könnte beziehungsweise sollte. Und ehe ich versuche, die ganze Aktion »Kunst geht in die Fabrik« – die mittlerweile lange schon Kunstgeschichte ist – Revue passieren zu lassen, fokussiere ich lieber *ein* Kunststück. Eines von ganz besonderer Bedeutung für mich – und, wie ich glaube, sehr weit darüber hinaus. Ich rede von einem Kunststück (Kunst-*Stück*, weil ich das Gerede über die Frage, was ein Kunst-*Werk* sei, vermeiden will), das sehr viel über unsere Situation im 21. Jahrhundert aussagt. Es sagt, nein, es schreit: Unser Fleischhunger bedroht uns und alle Kreaturen.

Ich meine das einmalige Kunststück eines berühmten zeitgenössischen Künstlers. Da war dieser alte Buick – eine Metaphernkiste, ein sprechendes Auto, ein Seelenauto, ein Bedeutungsträger mit Kotflügeln. Dieses Auto, eine Installation meines Freundes, des großen Fluxus-Künstlers Wolf Vostell, erzählt die Geschichte der industrialisierten Fleischproduktion. Eine Geschichte, deren Teil ich bin.

*

Bevor ich in das abgelegene kleine Museum in Marl reise, in dem Vostells Objekt-Auto »Mit(h)ropa« *(Großes Environment, 1974)* heute steht, muss ich mir noch einmal seinen alten Einstellplatz und dessen Umfeld vergegenwärtigen. Das Umfeld, aus dem heraus damals *Kunst in die Fabrik* ging. Ich werde aber nicht in Herten durch »unsere« Gebäude und Räume streifen – ich bin nicht mal sicher, ob man mich heute ließe. Ich habe die Produktionsstätten, den Gesamtbetrieb und den Namen *Herta* 1984 an den Weltkonzern Nestlé verkauft, der an gleicher Stelle weitermachte. Ein Rundgang durch heutige Realitäten würde nichts bringen außer vielleicht einem Klopfen unter vernarbten Wunden.

Der Anfang von »Kunst geht in die Fabrik« war einer, der mit Expansion zu tun hatte. Die alte Schweisfurth-Produktionsstätte mitten in Herten drohte die Grenzen des Wachstums zu sprengen. Über die Jahrzehnte hatten wir verdichtet, zu- und dafür vorher partiell abgebaut, umgebaut und angeflickt. Unser Werk gehörte zu Herten, wir waren nach dem Bergbau der zweitgrößte Arbeitgeber mit 2200 Menschen in Lohn und Brot. Aber an Tagen mit Inversionswetterlage roch das 40 000-Einwohnerstädtchen wie ein schlecht belüfteter Schweinestall. Hunderte von *Herta*-Schnelldienstfahrzeugen blockierten zu Stoßzeiten die Innenstadt. Und weil absehbar war, dass wir auch weiterhin expandieren mussten, begaben wir uns auf die Suche nach einem Platz an Hertens Stadtrand.

Er wurde gefunden. Aber ich wollte nicht einfach nur einen neuen Ort, ich wollte auch eine neue Zeit. Mit den alten Produktionsstätten in der Feldhege ging eine Epoche zu Ende und die neue – das *spürte* ich mehr, als dass ich es wusste – durfte nicht einfach nur die kalendarische Fortsetzung der alten sein. Man sagt ja oft, wenn man von etwas schwer Greifbarem, noch Unbestimmtem spricht, es »schwebe einem vor«. Wie ein Geist, körperlos, noch schwach an Konturen. Aber eben doch anwesend.

Was mir vorschwebte, war ungefähr dies: Alt-*Herta* war, so gut es der Ort zuließ, nach der Norm gewachsen, um räumlich das bereitzustellen, was der wirtschaftlichen Produktion am ehesten entspricht. Das schien mir für die Zukunft zu wenig zu sein. Menschen im Alter von 20 bis 60 verbringen den weitaus größten Teil ihrer Nichtschlafenszeit am Arbeitsplatz. Nicht zuletzt deshalb hat die Verbesserung von Lebensqualität sehr viel mit Arbeitsplatzqualität zu tun. Qualität? Das hatten wir *Herta*ner bis dato immer nur auf unsere Produkte und die Art ihrer Vermarktung bezogen.

Aber das war eine zu enge Sicht. Ich hatte Ende der 70er Jahre die damals gerade auf Deutsch erschienene Ausgabe von Ernst Friedrich Schumachers »Small is beautiful« gelesen. Ein Jahrhundertbuch, das dazu beitrug, den Gesamtkomplex *Herta* – mit seinen zehn Fabriken in mehreren europäischen Ländern, mit einem Jahresumsatz von 1,5 Milliarden Mark – zu weitgehend selbstständigen und damit kleineren Einheiten zu reformieren. Und, für mich noch viel wichtiger, das Buch, das schließlich dafür verantwortlich war, dass ich im Jahr 1984 die Brücke des Supertankers *Herta* verließ, um auf einem kleinen Küstenmotorschiff auf Gegenkurs zu gehen.

Das sagt und schreibt sich heute viel einfacher, als es sich damals im Dickicht des Gewachsenen erkennen ließ. Ich griff oft zu »meiner Bibel«. Vom »menschlichen Maß« sprach Schumacher.

Das klang richtig und schön! Aber klang es nicht zu schön, um wahr zu sein? Was bitte sollte das für einen Industriekapitän und seine diversen Supertanker bedeuten, das menschliche Maß? Die Maßgaben unseres bisherigen Erfolges waren: Kosten senken, Umsatz erhöhen und stetig wachsen. Aber Schumachers Haken saß.

Solche Gedanken – die Thesen vom »Ende des Wachstums« kamen erst ein wenig später auf die Agenda – hatte ich nicht exklusiv, keineswegs. Und das Wort von der »Humanisierung des Arbeitsplatzes« war zwar noch nicht in aller Munde, aber durchaus schon auf relevanten Schreibtischen (wo es meist verblieb).

In der BRD gab es ab Mitte der 70er Jahre beim Bundesministerium für Arbeit und Sozialordnung ein Forschungsprogramm zur Frage, wie der Schutz von Gesundheit und Leben mittels neuer Technologien und mithilfe wissenschaftlicher Erkenntnisse zur »menschengerechteren Gestaltung der Arbeitsbedingungen« führen könne. Davon wusste ich. Aber wusste ich deshalb mehr? Ich war nie ein Sozialromantiker. Ich hing auch nie der Illusion nach, dass allein schon hellere Räume das (Arbeits-)Leben erträglicher und »lichtvoller« machen könnten. Und der wunderbare Satz von Picasso »Wenn ich arbeite, ruhe ich mich aus. Nichtstun ermüdet mich« gilt vielleicht für Künstler, wohl kaum für Fließbandarbeiter. Dennoch: Es sollte möglich sein, die Unwirtlichkeit der Produktionsstätten wenn schon nicht abzuschaffen, so doch ein Stück weit zu »entbrutalisieren«. Aber wie könnte das gehen, so meine Frage an mich selbst und an etliche Weggefährten? Wie, wenn die Baustoffe nicht Luft und Liebe, Firnis und Marmor, sondern Beton und Glas, Stahl und Putz sind? Sein müssen.

Ich hatte das Glück – und das mehrfach im Leben –, zu Fragen, die mich gerade umtrieben, den richtigen Antwortgeber zu finden. Als ich mich damit befasste, wie der Neubau des *Herta-Zentralwerkes* gestaltet werden könnte, lernte ich Werner Ruhnau kennen. Ruhnau hatte schon damals den Ruf eines herausragenden Architekten, dessen persönliche Statik auf den Grenzen zwischen Kunst und Bau ruht. Fasziniert hatte mich ganz besonders seine unbedingte Liebe zu handwerklicher Qualität. Es hieß von ihm, dass er gerne – nach Vorbild der mittelalterlichen Großbaumeister, die in sogenannten Bauhütten auf der Dombaustelle hausten – im Körperkontakt mit seiner jeweiligen Schöpfung lebte. Es hieß ferner, dass er mit großen bildenden Künstlern zusammengearbeitet hatte. Und besonders der Bau des Gelsenkirchener Theaters (1957–1959) galt als gelungene Synthese von Bild, Plastik und Architektur. Wir kamen ins Gespräch. Und was mich vollends davon überzeugte, hier den Baumeister meiner Träume gefunden zu haben, waren seine Entwürfe eines »Luftdachs« für das Freilichttheater in der Stiftsruine Bad Hersfeld und etliche Skizzen, an denen auch der weltbekannte Künstler Yves Klein mitgearbeitet hatte. Mir imponierte die Idee des Zusammenwirkens von Architekt, Ingenieur und Künstler.

Na ja, dass gute Architekten auch ein Stück weit Ingenieure und gute Bauingenieure auch ein Stück weit Architekten sein müssen, war ja nicht so arg neu. Aber dass Kunst als drittes Element – und zwar gleichbedeutend – dazugehören soll und nicht etwa nur als angeklebte *Kunst am Bau*, das war revolutionär.

Ruhnaus erstem Vorschlag lag eine herrliche Idee zugrunde: Alle Werksbereiche sollten unter einem übergreifenden gemeinsamen Wetterschutzdach liegen mit Öffnungen zum Himmel. Eine wahrhaft himmlische Idee … und deshalb nicht ganz irdisch genug. Der Geist war willig, aber das Fleisch – und vor allem seine Verarbeitung – setzten Zwangspunkte. Ruhnaus Credo, es war sehr schnell auch meines, besagte: Lebens- und Arbeitsräume müssen auf den Menschen, »auf seine leiblichen Maße« bezogen sein. Da war es: das menschliche Maß!

Nach dieser Devise wuchs der Neubau von Verwaltungs- und Sozialgelände, auf denen das Kunststück gelang, große Nutzflächen zu kreieren, ohne deshalb klotzig zu wirken. Im Zusammenspiel von Architekten, bildenden Künstlern und Technikern konnte sich die Baukunst Ruhnaus entwickeln. Seine Arbeit mit Licht sollte die Menschen, die hier arbeiten, beleben, ihren Augen die Ermüdung ersparen, die viel Kunstlicht aufkommen lässt. Es entstanden in einem Großraum Lichtinseln. In so einer stand lange das Auto des Künstlers Wolf Vostell – ungeliebt, sperrig und unerbittlich in seiner Mitteilung an alle, die ihm auf ihrem Weg ausweichen mussten.

Wichtig war auch, dass das Großraumbüro Nischen und Winkel bekam. Gemeinschaft und Privatheit dürfen sich nicht – im Raum – stoßen. Temperatur und Feuchtigkeit sollten durch eine besondere Niederdruck-Klimaanlage den Menschen helfen, sich in ihrer Haut wohlzufühlen. Damals war das ein fast revolutionärer Gedanke: die Haut des Menschen, ein elementares Wahrnehmungsorgan! Der Bildhauer Norbert Kricke baute lautlos rieselnde Wassersäulen, die belebend wirken sollten. Im Verwaltungsbereich wurde für etwa 350 und im Sozialbereich für 1 800 Menschen ein Großraum als künstliche Landschaft realisiert. Es gab »Wanderwege«, die zu einer Piazza im Mittelpunkt des Sozialbereichs führten, gesäumt von Pflanzen, Wasserspielen und Farbfeldern. Ruhnaus Lieblingswort dieser Tage war »Arbeitslandschaft«.

Einiges war sicherlich schöner gedacht als gemacht. Eine Geburtstagsecke, in der sich Mitarbeiter hätten liebevoll hochleben lassen sollen, wurde gemieden. Wer zeigt sich schon gern mit all seinen Geschenken auf dem Präsentierteller? Und meine streng verwirklichte Direktive, dass es nur *eine* Schreibtischgröße gibt – Schreibtische sind normalerweise die hölzernen Brustwehren im innerbetrieblichen Stellungskampf –, konnte nicht verhindern, dass nun umso heftiger um die besten Fensterplätze gerangelt wurde.

Zur »Leitidee Arbeitslandschaft« gehörte für mich auch die Kunst, nicht nur die der Architektur, sondern auch die Kunst an sich. Die Kunst, die erst in die Arbeitswelt einwandern musste, aus Ausstellungsräumen, Museen oder privaten Sammlungen. Oder – auch diese Idee entstand früh – eine Kunst, die für diesen Ort und seine Zwecke entstand.

Ich selbst bin mit Kunst groß geworden. Mein Vater sammelte Kunst des 19. Jahrhunderts, in meinem Elternhaus hingen Wilhelm von Kobell, Heinrich von Zügel und andere nicht minder berühmte Künstler. Aber warum hängt ein Lovis Corinth, wenn nicht in öffentlichen Bildungseinrichtungen, notorisch in der Feierabend-Aura wohlsituierter Menschen? War er dafür gemacht? Warum sollten Bilder, gute Bilder und Skulpturen allzumal, nicht bei den Menschen sein, und zwar da, wo sie den Großteil ihres Lebens verbringen? Bei der Arbeit. Ich wollte – und das war kein punktuell gefasster Entschluss, sondern das Ergebnis von Beobachtungen und langem Nachdenken – die Kunst aus der persönlichen Sphäre holen und in die Fabriken bringen. In alle Fabriken? Das war nicht im Bereich meiner Möglichkeiten. Aber doch wenigstens in meine Fabriken. Vielleicht würden sich, wenn das Experiment gelang, Nachahmer finden.

Aber welche Kunst? Die zweifelsfrei gefällige? Landschaften, Stillleben, Porträts? Ich war damals schon auf einem anderen

Weg. Werner Ruhnau hatte mich immer wieder an die Hand genommen und mir beim Bau der neuen Fabrik viele junge, damals oft noch unbekannte Künstler vorgestellt. Darunter Wolf Vostell, Günter Weseler, Günther Uecker, Norbert Kricke oder Rupprecht Geiger.

Verpackungsfließband bei *Herta*. Im Hintergrund Wolf Vostells Hommage à Altamira aus dem Jahr 1982.

Ich kann nicht sagen, dass ich immer aus dem Stand begeistert war oder jeweils ein einziger Funke ausreichte, mich zu entflammen. Ruhnau wusste das. Er hat mir ein Werk häufig nur hingestellt und mich gebeten, es zwei Wochen lang immer wieder anzusehen und auf mich wirken zu lassen. Eine hervorragende Methode der Annäherung! Auf jeden Fall aber hat sie meine Lust gefördert, mich mit diesen Manifestationen des Lebens auseinanderzusetzen. Kunst kann warten, wir können das immer seltener.

Ich habe mich, wie schon zu Anfang bemerkt, nicht lange mit der Frage abgeplagt, ob etwas denn nun Kunst sei und wenn ja, warum. Meine Frage war immer: Wie wirkt das? Spricht es? Und wenn ja, spricht es dich an? Und weil man auch als Sammler nicht immer sicher sein kann, ob, wie oder wann eine Plastik oder Grafik zu einem spricht (aus Gründen der Wertanlage habe ich übrigens nie gesammelt), kauft man auch schon mal auf Verdacht. Nicht selten spricht das Werk mit Verzögerung.

Siegfried Gnichwitz, *Hertas* damaliger Werbeleiter, der nach seiner beruflichen Karriere noch ein Kunst- und Philosophiestudium absolvierte, singt mir manchmal ein Lied davon. Eines möchte ich gern zu Gehör bringen, ein lehrreiches, ein lustiges Lied.

*

Siegfried Gnichwitz, ein ganz hervorragender Scout für die Suche unentdeckter Talente, rief mich eines Tages an: »Karl Ludwig, ich habe hier ein tolles Angebot. Eine siebenteilige Serie von Lithografien von Antoni Tàpies: ›Als Mestres de Catalunya‹. Rote Fingerspuren wie Blutspuren auf Antikriegsmotiven …« Ich war, als er anrief, gerade in Arbeit versunken, vermutlich in etwas sehr Kunstfernes, und sagte nur: »Du findest es gut? Kaufen!«

Siegfried zeigte mir die Drucke ein paar Monate später. Sie lösten nichts aus, weder Anziehung noch Abstoßung. Und es war wohl nur eine zufällige Gleichgültigkeit oder Abgelenktheit, dass ich damals versäumte zu sagen: »Siegfried, verkauf das doch bei Gelegenheit wieder!« Und so lagen die sieben Tàpies dann sechs Jahre bei Siegfried Gnichwitz unter Verschluss.

Irgendwann später bat er mich, mit ihm gemeinsam die Cappenberger Schlosskapelle zu besichtigen. Un-be-dingt! »Ich bitte dich, Siegfried, die Kapelle kann ich zeichnen, ohne hinzufahren. Die kenne ich seit Kindertagen.« Aber er blieb bei seinem Un-be-dingt! Also standen wir, ein paar Tage später, in der Apsis der Kapelle. Ich war nicht wirklich guter Laune, hatte einen wichtigen Termin einkürzen müssen, um seinem Drängen nachzugeben. Und dann traf mich – es ist ja verbürgt, dass sich so etwas an heiligen Orten bisweilen ereignet – ein Blitz von oben. Da hingen Bilder von einer Eindringlichkeit, wie ich sie zuvor nur selten erlebt hatte.

»Unglaublich Siegfried! Meinst du, die kann man erwerben, wenn die Ausstellung hier zu Ende ist?«

»Du ... ? ... kannst sie nicht kaufen!«

»Also unverkäuflich?«

»Sie gehören dir.«

Siegfried Gnichwitz hatte die Lithografien von Tàpies, ohne mich zu fragen (das musste er auch nicht), einem jungen Prälaten ausgeliehen, der mit modernen Kunstwerken ein Ausrufezeichen im sakralen Raum setzen wollte. Ich bin seit fast 30 Jahren nicht mehr Mitglied einer christlichen Kirche. Aber es muss in der Cappenberger Schlosskapelle, im sakralen Umfeld, eine Transsubstantiation, eine Wandlung, stattgefunden haben. Entweder mit den Bildern oder, sehr viel wahrscheinlicher, mit mir.

*

Ich weiß, dass mich damals, als wir zeitgenössische Kunst in die Fabrik holten, viele meiner Unternehmerkollegen für verrückt, mindestens aber für nicht mehr ganz zurechnungsfähig hielten. Man spürt das, auch wenn man es nicht ins Gesicht gesagt bekommt. Da ist so eine lauernde Mitfühligkeit, da hört man so ein leises Klirren in der Stimme, wenn ein hochgeschätzter Geschäfts-

partner vieler gemeinsamer Jahre sagt: »Aha, ein echter Geiger …
im Fleischverarbeitungstrakt … interessant!«

Natürlich wussten wir nicht, wie die Mitarbeiter auf großfor-
matige Kunstwerke reagieren würden. Was wir allerdings im Voraus wussten, war, dass es Diskussionen geben würde. Zustimmung
und fast spontane Liebe war auch dabei. Als Rupprecht Geiger, der
sein Leben lang mit der Farbe Rot gearbeitet hat, das Großraumbüro mit optisch dominanten, hängenden Zylindern und Scheiben ausstattete, war das ein kunst-rezeptorischer Selbstläufer.
Auch Vostells Hommage an die Tierzeichnungen in den frühen
Höhlen der Menschheit, zu sehen in der riesigen Verpackungsab-
teilung, kamen gut an.

Positiv aufgenommen wurde »handfeste Kunst« wie die von
Heinrich Brummack, der in Herten zuerst mit etlichen Mitarbei-
tern sprach und dann mit viel Holz einen Pausenraum gestaltete.
Er servierte den Menschen nichts nach dem Mund, aber er hatte ihnen zuvor auf den Mund geschaut. Und deshalb geschah es,
dass die *Herta*ner die Arbeiten Brummacks fast als selbstgestaltet
empfanden.

Schwierig wurde es, wenn Mitarbeiter von sogenannten Fach-
leuten, von Kunstsachverständigen, Feuilletonisten oder Repor-
tern, befragt wurden, wie sie denn mit der Kunst um sie herum
zurechtkämen. Sie blieben die Antwort oft allein schon deshalb
schuldig, weil sie sich nicht trauten, zu diesem Thema etwas zu
sagen. Einige zeigten und formulierten allerdings auch krasse
Ablehnung, die sich »hübsch hässlich« in Mikrofone und vor Ka-
meralinsen entlud. »Alles Quatsch! Für das Geld lieber bessere
Toiletten bauen.«

Mir wurde bei diversen Befragungen, die ja meist nach dem
dramaturgischen Drehmoment funktionieren sollten »Gesunder

Hugo Kükelhaus: Die Kuh-Sure aus dem Koran. Wandbild an der Stirnwand
im Berliner Speiseraum.

Menschenverstand trifft auf spinnerte Kunst«, immer übel und
zornig zumute. Wer von denen hinter den Mikrofonen und den
Notizblöcken, wer von denen aus den Kunstlicht-Kunstakademi-
en, wer von denen, die sich durchaus einen Hugo Kükelhaus hin-
stellen würden oder einen übergroß dargestellten Alltagsgegen-
stand von Dieter Krieg an die Wohnzimmerwand hängen würden,
wer von all denen könnte denn erklären: *warum*? Und keiner von
all denen würde zugeben, dass die Notierungen in den Preislisten
für Moderne Kunst womöglich etwas mit ihrer »ästhetischen Hinwendung« zur Moderne zu tun haben könnten.

Die Kunst, ihre Wirkung und die Warum-Frage: Wer könnte
sagen, warum Rilkes Gedicht vom Panther hinter Gitterstäben
einen so tief berührt und durchrüttelt, dass man die ganze Schöpfung umarmen möchte, um sie mit dem eigenen kleinen Rücken
vor weiteren Attacken zu schützen? Keiner kann das *Warum*

und das *Wie* dieser Wirkung plausibel begründen. Und doch ist es so. Wer kann erklären, warum Beethovens »Eroica« Kunst in Vollendung ist und warum sie wirkt, wie sie wirkt? Sind etwa Rilke oder Beethoven deshalb *keine* Kunst, weil uns die beschreibenden Worte fehlen? Ein bildender Künstler (ich weiß nicht mehr, wer es war) soll auf die Frage, was seine Skulptur denn nun eigentlich *sagen* solle, geantwortet haben – ich zitiere aus der Erinnerung: »Wenn ich es mit Worten sagen könnte, hätte ich es mit Worten gesagt und nicht die Sprache der Hammer und Meißel gewählt.«

Doch die Wirkung der Kunst kann auch zu Ablehnung führen. Mein kunstverständiger Freund Siegfried Gnichwitz hat mir verschiedentlich erklärt, dass große Kunst in ihrer Zeit auffällig häufig umstritten war oder gar abgelehnt wurde. Auch die gegenständliche Kunst, von der man das heute nicht annimmt. Die ersten Maler, die es wagten, den Heiligen menschliche Alltagsgesichter zu geben, die sich also erkühnten, naturalistisch und exakt zu sein, waren in ihrer Zeit mindestens so revolutionär wie ein Joseph Beuys, der Fett und Filz Kunst sein lässt.

Und ja, es hat auch in den neuen *Herta*-Räumen geknallt. »An die Wand gefahren« – die linke Vorderfront des Vostell-Autos steckte tatsächlich machetenartig in einer Betonmauer – hätte das Fazit gelautet, wenn wir alle Kommentare zu diesem Kunststück zusammengetragen hätten. Siegfried Gnichwitz jedenfalls relativiert ein wenig, wenn er im Katalog, der 1987 im Rückblick auf unser Großexperiment »Kunst geht in die Fabrik« entstand, resümiert: »Der Gewöhnungsprozess an dieses Werk ging nur sehr langsam vonstatten beziehungsweise blieb ganz aus.«

Siegfried Gnichwitz war es denn auch, der das kontroverseste Kunstwerk, das je in Herten zu sehen war, rettete. Nicht vor einem anarchisch gesinnten Schlachtermeister, einem spießbürgerlichen Prokuristen oder einer Sekretärin, die mit ihrem Chiffonkleid daran hängen geblieben war, sondern vor dem Rostfraß.

Als der Kunstexperte Gnichwitz, Jahre nachdem das Unternehmen von Nestlé übernommen worden war, Zutritt zu den Räumen bekam, sah er Betrübliches. Dort, wo zeitweilig so ziemlich alles, was Rang und Namen in Deutschlands Nachkriegskunst hatte, versammelt war, fand er wenig wieder und fast nichts am alten Platz. Die »atmende Wand« von Günter Weseler (Schaumstoff-Lamellen mit elektrischer Steuermechanik) hatte aufgehört zu atmen; Nicholas Monros »Musizierender Clown« war in irgendwelchen Kulissen verschwunden. Am auffälligsten aber war die Leerstelle, die Wolf Vostells Auto lange und trotzig gefüllt hatte. Nach umfangreichen Recherchen fand Gnichwitz den ramponierten Buick in einer Halle im näheren Umland, durch deren schadhaftes Dach es auf die Kunst tropfte. Gnichwitz setzte sich mit Wolf Vostell in Verbindung, der eine Überführungsfahrt vorschlug. Das Werk »Mit(h)ropa« sollte doch, wenn möglich, in einem spanischen Museum stehen, eines, das ausschließlich Werke Vostells beherbergt. Die Idee wurde erwogen, aber der Transport erwies sich als extrem teuer. Zum Glück. Denn so blieb das »Bedeutungsfahrzeug« in der Nähe: im Skulpturenmuseum Glaskasten Marl.

Ich zögere. Soll ich mich wirklich – noch einmal – diesem sprechenden Blech aussetzen, das kein Blech redet, sondern sehr Präzises sagt? Konkretes über die Fleischindustrie, über die Schrecken der Schlachthöfe, über das unachtsame Töten, über die Schöpfung, die unter die Räder kommt. Über Erkenntnisse, die ich so noch nicht hatte, damals, als Vostell uns mit »Mit(h)ropa« in die Seite fuhr. Ich werde fahren. Punktum.

Wolf Vostell: MIT(H)ROPA, Großes Environment, 1974
bestehend aus einem Buick, 3 Fernsehern, 2 Videokameras, 1 Telex,
einem ausgestopften Kalb, Maschinengewehr und Beton.

Da steht er. Gleich hinter dem gläsernen Eingangsportal des kleinen Marler Museums für Kunst der Moderne, das so versteckt in einem Komplex serieller Wohntürme liegt, dass man es ohne genaue Wegbeschreibung nicht findet. Tritt man ein, kommt man nicht umhin, Vostells Buick von 1974 zu bemerken. Das gute Stück hat kein Licht von oben, wie all die Jahre in der Pausenzone unseres *Herta*-Komplexes, und es hängen auch keine Atemobjekte von Günter Weseler von der Decke herab, die hier tief gezogen ist und ein wenig drückt. Es ist still. Ich bin still. Ich bin ganz allein, nicht einmal die Ticket-Rezeption ist besetzt.

Das Auto ist nach dem Guckkastenprinzip an etlichen Stellen aufgebrochen: offen, um Einblick zu geben. Ich gehe an die Stelle, rechte Flanke hinten, die mich immer schon zum Schauen, Verweilen und Denken gezwungen hat. Hinter Glas und eingestreut wie in einer Vitrine liegt da Metzgerhandwerkszeug.

Ich werde wohl vermutlich einer der ganz wenigen Besucher sein, der alles noch in seiner Funktion erkennen und zuordnen kann. Weil ich derlei benutzt habe: als Lehrling des Metzgerhandwerks in den ersten Nachkriegsjahren und später, 1983, auf dem Weg zur Meisterprüfung. Da liegen etliche abgewetzte Messer, der dazugehörige Stahl zum Schärfen, Kettenschürzen, Handschuhe und einiges mehr. Alles Utensilien aus einer anderen Zeit, als Metzgerei noch ein Handwerk war. Eines, das ich erlernt habe und dessen schriftlich bestätigte Be-Meisterung mir mehr bedeutet als ein akademischer Titel oder die Marktmacht, die *Herta* errungen hatte.

Was die Geräte im Hinterteil des Buick so alt macht, ist der Fortschritt, der über Tierleichen ging. Das überfahrene Kalb, das vor dem Kühlergrill liegt, treffe ich – nein, es trifft mich – am Ende meines Rundgangs um »Mit(h)ropa«. Es steht für die unzähligen brutal und maschinell-industriell getöteten und zerlegten Tiere. Metzgerei als Gemetzel. Auf den Knochen dieser Tiere stand auch unser Schweisfurth-Imperium. Und es stand sicher, eindrucksvoll, fest, wegweisend. 30 Jahre lang, wenn man nur die Jahre rechnet, in denen *Herta* – später *Herta* Artland Dörfler – großindustriell produzierte.

Aber die Handwerksgeräte in Vostells Vitrine, eingelassen ins Autoheck, ziehen meine Gedanken erst einmal in eine andere Richtung. Was war denn der Wert dieser alten handwerklichen Art, mit Fleisch umzugehen, bevor Maschinen zuschnitten und eine ausgefuchste Kältetechnik die Warmfleischmetzgerei, dieses alte Kunsthandwerk, fast erledigte?

Fast! Was nicht ganz tot ist, lebt noch und ist – wie in diesem Fall – wert, belebt zu werden. Es gibt einen Ort, wenige Kilometer südöstlich von München, an dem wieder nach alter Weise – allerdings unter Anwendung neuer Erkenntnisse zur Hygiene und Verfahrenstechnik – geschlachtet wird. Dieser Ort, *Herr*mannsdorf, hat rein zufällig die drei ersten Buchstaben mit der ersten großen Station meines Lebens, *Herta* in *Her*ten, gemein. Ansonsten ist es die Gegenwelt zur industrialisierten Fleisch- und Landwirtschaft. (Zu meiner Wanderung zwischen zwei Welten und damit zum Weg nach Herrmannsdorf später.)

Die Gerätevitrine im Hinterleib des Buick führt erst einmal auf einen sehr speziellen Gedankenpfad: achtsam zu töten und »anders«, handwerklich und kunstvoll, mit dem Fleisch umzugehen. Wie das sein kann, habe ich – wohl zum letzten Mal in meinem Leben – am 18. April 2009 gezeigt. An diesem Tag feierten wir ein Schlachtfest, das sich allerdings in einem von den alten dörflichen Schlachtfesten unterschied: Die geladenen Gäste sahen und erlebten auch den Moment, in dem aus einem Lebewesen ein »Lebens-Mittel« wird. Den Tod.

Muss das sein, Schweinetod vor Publikum? Man kann das leicht als »Schauschlachtung« denunzieren, wenn man denn will. Aber wieso »*Schau*«, habe ich Kritikern entgegengehalten. *Schaut* ihr notorisch weg, wenn es darum geht, dass Tiere getötet werden müssen, damit man sie essen kann? Und was die Qualität ausmacht, die die Warmfleischschlachterei liefert: Die kann man ja gar nicht »*schauen*«, man muss sie riechen, schmecken und erleben.

Ich habe die Erfahrung gemacht, dass man einiges eher vorzeigen als erklären kann. Und was den Tod anbelangt, der zum Metzgerhandwerk gehört: An dem kann man zwar vorbei-*reden*, nicht aber vorbei-*zeigen*. Ich lasse die Bilder aus dem Frühjahr 2009 in mir aufsteigen, und für ein paar Augenblicke ist das Schlachtfest und dieser milde Apriltag wieder präsent.

*

Vor unserer großen Feldscheune in Herrmannsdorf hat sich ein lockerer Halbkreis von Menschen gebildet. Zuschauer, geladene Gäste. Ich habe ihnen in einem ausführlichen Einladungsschreiben mitgeteilt, was sie erwartet: dass der Umwandlung von Leben in essbares Fleisch Gewaltanwendung vorausgeht.

Es ist still, fast hätte es der Aufforderung nicht bedurft, die ich an die Gäste richte: »Ich muss jetzt um absolute Ruhe bitten! Das Schwein darf in keiner Weise beunruhigt werden!« Die große schwäbisch-hällische Sau steckt noch in einer der beweglichen Transportboxen auf Kufen, die ein Schlepper bis kurz vor die Feldscheune gezogen hat. Ich stelle das Schwein vor. »Das Tier ist schon gestern früh auf gutes Zureden von Josef, der sich bei uns um die Schweine kümmert, in diese Hütte gegangen, es hat da auch übernachtet. Und auf seinem letzten Weg – von der Weide bis hierher sind es keine 400 Meter – wird es von einem anderen Schwein aus derselben Rotte begleitet, damit der letzte Weg nicht so einsam wird. Das andere Schwein fahren wir zurück. Und jetzt bitte absolute Ruhe!«

Der Schlepper hat die überdachte Schweinebucht zentimetergenau vor das Ende eines Leitplankenganges bugsiert – diese Sichtblende ist eher für das Schwein als für das Publikum –, in den hinein die Sau mit Worten und einem ganz leichten Schubs dirigiert wird. Am Ende des kurzen Ganges vor dem Eingang zur Feldscheune bleibt es stehen, den Kopf gesenkt. Es versucht, Witterung aufzunehmen. Schweine riechen mindestens so gut wie

Hunde, das haben sie mir immer wieder gezeigt. Die kleinen Äuglein blitzen auf, das Schwein macht einen halben Stolperschritt rückwärts. So als wolle es dem Unvermeidlichen ausweichen. Panik ist nicht erkennbar. Es wird, dessen bin ich mir sicher, die vielen Menschen bemerken, auch den Geruch von Diesel, den der Schlepper ausgeblasen hat. Der Steinplattenuntergrund – die letzten Monate hat es ausschließlich auf freundlicher Erde gestanden – wird ihm nicht behagen. Und vielleicht wird die Sau auch mit einem Sensorium, das wir nicht haben, den Grusel der jungen Frau bemerkt haben, die sich abwendet und ihren Mann mit sich fortziehen will.

Alex, der Meister, der in Herrmannsdorf dafür zuständig ist, tritt mit noch blütenweißer Gummischürze vor, so langsam, dass das Schwein keine Ausweichbewegung macht. Es ist still, kein Klappern, kein Scheppern von Maschinen und Geräten. Er redet leise mit dem Tier. Eine Elektrobetäubungsschere fasst es am Hals, gleich hinter den Ohren, es ruckt, ein Schlag fegt das Schwein von seinen stämmigen Läufen.

»Sie werden keinen Schrei hören«, hatte ich in meinem Einladungsschreiben versprochen. Kein Schrei, in der Tat. Ich muss unwillkürlich wieder an das Todesgequieke denken, an diese tierischen Verzweiflungsschreie, die ich bei Hausschlachtungen in meiner Kindheit miterlebt habe. Wann immer ich betone, dass es gilt, die guten Traditionen und Fertigkeiten der Hausschlachterei zu bewahren und wieder zu beleben, beeile ich mich, hinzuzufügen: Die ruppige Art, in der Schweine früher die letzten Meter ihres Lebens getrieben oder an Ohren und Schwanz gezogen wurden, zählt ganz sicher nicht zu dem, was es zu bewahren gilt.

Der Stich in die Halsschlagader kommt so schnell, dass ich ihn – obwohl ich ein geübtes Auge habe – nicht habe kommen sehen. Der Blutstrahl ist voll und hart, die Schüssel, die das Blut auffängt, ist in Sekundenschnelle gefüllt. Das einzige Geräusch ist das Kratzen der Rührlöffel in den Blutschüsseln. Ein Kameramann (ich hatte mich entschlossen, diese Hausschlachtung dokumentieren zu lassen) verlässt seine andachtsvolle Hockstellung und signalisiert nach hinten, dass er alles im Kasten hat. Ich überlege, ob das in Großaufnahme wohl martialischer aussieht, als ich und womöglich auch das Schwein es erlebt haben.

Ich gebe das Zeichen, dass wieder gesprochen werden darf. Die Leitplanken werden abgebaut. Das tote Schwein wird mit heißem Wasser von Blut gesäubert – die Äuglein sind ganz geschlossen – und dann ein Stück weit nach hinten gezogen, wo es vier Männer in einen Holzzuber wuchten und mit 70 Grad heißem Wasser übergießen. »Di Haxn missat ma schon no außi bringa«, sagt Metzgermeister Alex. Richtig: Die Beine müssen so angewinkelt werden, dass sich das Schwein nicht in der Holzwanne verkantet.

Ich wende mich an meine Gäste, von denen einige etwas beklommen dastehen: »Das Schwein ist tot. Die Seele hat das Tier verlassen. Jetzt ist es nur noch Fleisch. Was jetzt folgt, ist erst einmal relativ grobe Arbeit.« Und wie aufs Stichwort beginnen die Herrmannsdorfer Metzger, eine Kette zu bewegen, die beidseits des Körpers ins Wasser taucht und das Schwein umfängt. Die Kettenglieder raspeln die langen Borstenhaare auf dem Rücken und an den Flanken im Takt der Zugbewegungen ab. Eine »Feinrasur« folgt mit der Glocke, einer Art Metallhut mit scharfen Enden. Um den Kopf zu enthaaren, muss das flache Haupt aus dem heißen Wasser gehievt werden. In weniger als zehn Minuten wird aus dem Borstenvieh ein »Marzipanschwein«.

»All das erfolgt in der Massentierschlachtung natürlich sekundenschnell und maschinell.« Ich nutze die Gelegenheit gespannter Aufmerksamkeit zu einer kleinen Predigt: »Wie es den Tieren in den Großschlachtereien ergeht, dieses Ende mit Schrecken, unter Lärm und roboterhaft getakteter Akkordhetze, das ist doch gänzlich unerträglich. Unter dem ständigen Druck zur Rationalisierung – immer schneller, immer größer, immer mehr – sind die Fließbänder in den Schlachthöfen immer perfekter geworden. Perfekt im Sinne von funktional. Automaten haben die Arbeit übernommen, Tiere sind zu Sachen geworden, Menschen zu den Extremitäten von Maschinen. In diesen Schlachthöfen ist es kalt, laut und weiß. Kein Blick nach draußen ist mehr möglich.

Dieser Weg begann in den Chicagoer Großschlachthöfen vor mehr als hundert Jahren. Die Würde von Mensch und Tier ist schleichend und fast unbemerkt auf der Strecke geblieben. Die Verantwortlichen haben alles verdrängt oder sind so abgestumpft, dass es keiner Verdrängung mehr bedarf. Kritik schmettern sie ab. Es machen doch alle so. Der Fortschritt verlangt es. Wer nicht mitmacht, ist raus aus dem Big Business.«

Inzwischen sind meine vier Herrmannsdorfer Metzger von der Fein- zur Feinstrasur übergegangen, für die ein sehr scharfes, langes Messer eingesetzt wird. Ich leite zu einem Thema über, das mir am Herzen liegt: »Die Qualität – eine Qualität, die Sie gleich essen und erleben werden – hat eine ganz wesentliche Voraussetzung: das Vorleben des Schweins. Unsere Herrmannsdorfer Schweine durften zum Beispiel etwas sehr Schweinegemäßes: die Erde wühlend nach essbarem Kleingetier durchgraben. In einer Handvoll Erde stecken mehr Kleinstlebewesen als derzeit Menschen auf diesem Planeten leben. Von diesem Wunder, nicht von den vielen Hightech-Wundern, leben wir.«

Richtig, mit dieser Schweinehaltung kann man nicht den steigenden weltweiten Fleischkonsum decken. Das ist auch nicht meine Aufgabe, nicht meine Absicht. Meine Aufgabe sehe ich darin, einen Leuchtturm zu errichten. Ich will zeigen, dass es möglich ist, besseres Fleisch heranwachsen zu lassen und Tiere achtsam zu töten. Und ich will all das von der alten Warmfleischmetzgerei zurückholen, was gut war, unvergleichlich viel besser als das, was uns heute in der Fleischproduktion zugemutet wird. Die Warmfleischmetzgerei, also die Verarbeitung des Fleisches, solange es noch warm ist, war ursprünglich eine Erfindung aus der Not heraus. In der Zeit vor der Allgegenwart von Kühltechnik musste man alles, was sich nicht schnell nutzen beziehungsweise verkaufen ließ, in Leberwürste, Brüh- oder Rauchwürste, Kochschinken und so weiter auf der Stelle verarbeiten. Das gab exzellenten Geschmack und eine Frische, wie sie die meisten heutigen Zeitgenossen nie gekostet haben. In dem schlachtwarmen Fleisch ist noch alles drin an lebendigen Energien, die sich in ganz kurzer Zeit abbauen und verschwinden. Und ich werde nicht müde, das immer und immer wieder zu erzählen, vor laufenden Kameras, vor Mikrofonen oder vor den Stenoblocks staunender Reporter. Noch nie gehört: Warmfleischverarbeitung.

Auf meine Handbewegung hin wuchten die Metzger ein Querbalkengestell in die Höhe, an das die Sau rücklings und kopfüber an den Achillessehnen aufgehängt wird. Das Gewicht des Schweins zwingt zur Improvisation: Bevor das Holz unter der Last von 170 Kilogramm zu splittern beginnt, wird eine Schraubzwinge zur Stabilisierung angesetzt.

Unsere Herrmannsdorfer Weideschweine werden grundsätzlich mit einem Lebendgewicht von um die 170 Kilo geschlachtet. Turbomastschweine bringen es auf 110 bis 115 Kilo. In Herrmannsdorf sind wir der Meinung, dass nur »reife« Schweine gutes Fleisch, gute Würste und guten Schinken bereitstellen können. Aus den 170 Kilo Lebendgewicht werden etwa 130 Kilo Schlachtgewicht. Die Differenz machen die Innereien aus, also Magen, Därme, Leber, Herz, Niere und Lungen.

Schlachtermeister Alex beginnt, die Sau zu öffnen, wobei er – nach vorherigem Öffnen im Schritt und Versenken von Hand und Klingengriff im Schwein – das Messer von innen nach außen führt, damit keine Därme zerschnitten werden. »Denn«, so kommentiere ich, »sonst gäbe es eine wirkliche Sauerei.« Während Alex mit einer Hand die Klinge führt, hält er mit der anderen die hervorquellenden Därme zurück, bis er sie mit einem Schnitt und einem Schwung aus der inzwischen weit geöffneten Bauchhöhle herauswuchtet. Sie werden auf einem blank gescheuerten Tisch ausgebreitet.

»Ich habe Ihnen ein Wunder versprochen, hier ist es!«, rufe ich meinen Gästen zu. »Für mich gibt es nur wenig, was an diese Ästhetik heranreicht!« Ich erkläre den Magen, Dickdarm, Dünndarm, Blinddarm, breite das schimmernde Netz aus, das alles umfängt, lege die Milz frei, die wie eine lange, dunkle Zunge über dem Magen liegt. In das Staunen der Gäste hinein sage ich: »Alles um die 15 Meter lang, genau wie bei uns.« Es wird Hand aufgelegt, geschüttelt, gestaunt. Später holt Alex die »roten« Innereien, das sind Herz, Lunge, Leber und die Zunge, aus dem nun gänzlich offenen Schwein und breitet sie sorgfältig auf dem Tisch aus. Das Herz wird von Hand zu Hand gereicht. »So sieht auch Ihr Herz aus«, sage ich dann. »Und dies sind die Herzkranzgefäße, da sitzt möglicherweise irgendwann Ihr Herzinfarkt.« Wir haben 97 Prozent unserer Gene mit dem Schwein gemein, fast keinem Lebewesen sind wir inwendig so ähnlich wie dem Schwein. Noch

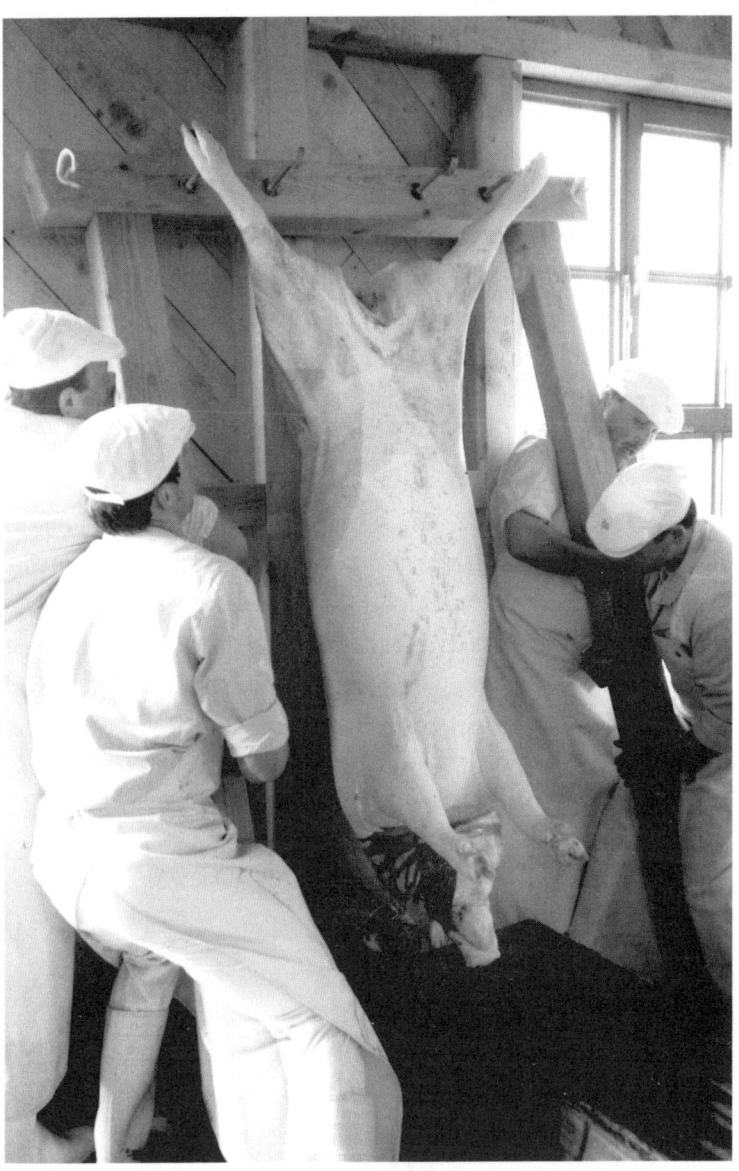

Statt Fließband und Schlachtroboter: Die Metzger von Herrmannsdorf
bei einem Schlachtfest für Kunden.

während ich etwas Hilfestellung beim Staunen gebe und Tierarzt Dr. Hartl im Herz nach Spuren von Rotlauf (einer für Schweine oft tödliche Hautkrankheit), in den Mandeln nach Anzeichen von Tuberkulose und im Zwerchfell nach Trichinen (Fadenwürmern) sucht, beginnen die Metzger mit dem Auswaschen der Därme.

Metzger kommt nicht von »metzeln«, wie manch einer glauben mag, sondern von »macellarius« (lateinisch: Fleischwarenhändler). Die Kunst, Tierdärme mit Fleischbrei zu füllen und Würste zu machen, ist europäisches Kulturgut, schon von Homer in seiner Odyssee beschrieben. Das Wursten gab es auf keinem anderen Kontinent.

Die Metzger lösen nun die Därme aus. Noch sind sie mit Unappetitlichem gefüllt, schon bald werden sie, nach säuberlicher Waschung, Wohlschmeckendes enthalten. Ich fordere meine Gäste auf, dem Kopf des Schweines besondere Aufmerksamkeit zu widmen. Die ausgelösten Bäckchen und die kräftige Kaumuskulatur sind das absolut Beste vom Schwein. Mein Vater, Karl Schweisfurth, sagte uns immer bei morgendlichen Betriebsrundgängen: »Das Filet ist für die dummen Reichen, das wirklich Gute steckt hier, im Kopf.« Aus dem Kopffleisch werden exzellente Würste gemacht in allen möglichen Varianten. Und Schweinskopfsülze!

Sven, der junge Metzger, der gerade an der Fachschule für Metzger in Augsburg seine Meisterprüfung bestanden hat – der gleichen Schule, an der ich 30 Jahre zuvor »meinen Meister« gemacht habe – zeigt, wie man Leberkäsbrät und Bratwurstbrät würzt. Zuvor wurden das dafür nötige Fleisch und der Speck mit einem kleinen elektrischen Wolf (einem Apparat, der das Fleisch mithilfe einer Schnecke durch gelöcherte Scheiben presst) zerkleinert. Das Leberkäsbrät enthält viel Fleisch von der Vorderbeinwade. Neben Meersalz werden Pfeffer, Koriander, Piment, Muskatnuss und ein wenig geriebene Zitronenschale zugesetzt. Wie viel und in welchem Mischungsverhältnis entscheiden Svens Hand und Svens Zunge. Wasser wird in Form von Eisflocken in den Kutter (Zerkleinerer, aus dem Englischen von *to cut*: schneiden) gegeben. Das Bratwurstbrät enthält zwei Drittel Fleisch, gut und mager, zum Beispiel von der Schulter, und ein Drittel Fett, vorzugsweise von der geschmeidigen Fettbacke; alles andere und ganz besonders die Gewürze sind Improvisation und bieten Spielraum für Könner: schwarzer Pfeffer, wenig Koriander, Muskat, Piment und Saisonales, zum Beispiel im April etwas Bärlauch. Für die Bratwürste werden übrigens die zarten, dünnen Schafs- und keine Schweinedärme verwendet. Letztere sind für Blut- und andere Würste, bei denen man die Hülle nicht mitisst. »Klassisch«, sagt Sven, »sind Würste immer Schweinswürste gewesen; Rindfleisch ist eigentlich zu teuer, um es zu verwursten. Da aber nun mal weltweit zu viel Steak und einige bekannte Fleischstücke gefordert werden, nimmt man mittlerweile auch das Rindfleisch, das nicht exakt in die Verbraucher-Schablone passt, für die Wurstherstellung.«

Wenig später duftet es so, dass Gespräche und Kurzvorträge ersterben: Bärlauchbratwurst mit hauchzartem Biss; ein Leberkäse, der zwar nicht die typische rosa Schweinchenfärbung hat, sondern eher hellbraun und damit im ersten Moment befremdlich, dann aber beglückend auf dem Teller liegt; dazu Kesselfleisch von großer Zartheit. Alle essen. Ein Gast, der gerade noch verkündete, dass es nicht leicht sei, zu Schwein den richtigen Wein zu finden – die besten Weine seien immer schon Rinder- oder Fisch-Weine gewesen –, hält plötzlich die Bärlauchwurst in die Höhe und verkündet: »Das ist keine Bratwurst, das ist eine Offenbarung!«

Am Ende wird aus dem getöteten Tier ein Lebens-Mittel: Verköstigung der Gäste nach einem Herrmannsdorfer Schlachtfest.

Ich nutze die gefräßige Stille für ein paar weitere Ausführungen: »All das, was Sie hier erlebt haben und erleben, ist Warmfleischmetzgerei. Merken Sie sich das Wort: Warm-fleisch-metzgerei. Das Fleisch wird verarbeitet, während es noch körperwarm ist, bevor die Totenstarre eintritt. In der Massenschlachterei ist das nicht möglich. Da muss man mit viel Energieeinsatz die Tierkörper bis fast zum Gefrierpunkt herunterkühlen, damit sie einige Tage haltbar sind und dabei transportfähig bleiben – die Lieferwege führen oft kreuz und quer durch Europa. Das wirkt sich gewaltig auf die Qualität aus. Den Unterschied, so möchte ich meinen, haben Sie soeben geschmeckt.«

Nicken und Kauen ist die allgemeine Antwort. Ein Lederhosen-Duo spielt Schnaderhüpflmusik, es wird Obstler gereicht und wäre das Arrangement ein echtes ländliches Schlachtfest – also ein Auflauf von Hungrigen und weniger von Informationshungrigen – würde jetzt wohl getanzt werden. Peter Bruegel der Ältere hat solche Szenen gemalt. Es werden Leberwürste mit Sauerkraut gereicht. Dazu gibt's eine Chiemgauer Polka. Der Weinkenner sagt, es werde ihm eine echte Aufgabe sein, zu dieser wunderbaren schlachtwarmen Leberwurst einen Wein zu küren. Ich halte mich derweil an »Schweinsbräu«, ein naturtrübes Bier, das bei uns in Herrmannsdorf gebraut und ausgeschenkt wird. Der Name stammt übrigens von dem bayerischen Schriftsteller, Maler und Filmemacher Herbert Achternbusch, der, als wir in lockerer Runde über den passenden Namen für unser inzwischen preisgekröntes Bier brüteten, versonnen über die Bierblume in Richtung freilaufende Säue blickte und sagte: »Des wisst's scho, do gibt's bloß oan, oder ned?«

*

Ich werfe noch einen letzten Blick auf das Metzgergerät in Vostells Buick-Vitrine. Es sieht etwas schäbig aus. Wolf Vostell, so erinnere ich mich, hatte damals darauf geachtet, dass er fast gänzlich abgewetzte Messer integrierte. Und auch daran hatten sich unsere *Herta*-Metzger und -Techniker gerieben: Schäbiges Handwerkzeug ist ehrenrührig, Glump, wie man in Bayern sagt. Über einen Bildschirm im Kofferraum wurde die Wirklichkeit aus den Zerlegeräumen der Fleischfabrik zu den Schlips-und-Kragen-Arbeitern übertragen.

Mir sagen die einzelnen Objekte im (Kunst-)Objekt heute noch etwas anderes. Das handwerklich Schöpferische, das, was am Metzgerhandwerk einmal Kunsthandwerk war, ist fast verdrängt. Lange lag es in unseren Fleischfabriken noch in der Hand (und auf der Zunge) von Meistern, den richtigen Geschmack zu kreieren. Es gab allmorgendliche Geschmacksproben, zu denen sich mein Vater mit den Meistern traf, es wurde verkostet, gelobt, kritisiert, nachjustiert. Aber irgendwann wurde es wichtig, dass eine bestimmte Charge oder ein definiertes Produkt immer gleich schmeckte. Egal, welche Jahreszeit, egal, welcher Meister gerade Hand angelegt hatte. Hauptsache konform. Und es musste gnadenlos billig sein. Mit der wachsenden Macht der Großabnehmer, der Supermarktketten vor allem, geriet auch ein Marktführer, wie *Herta* es war, in den Wirkungsbereich von Gesetzen, die durchschlagen, als wären es Naturgesetze. Wenn das Gesetz, sprich der Markt, befiehlt, dass eine verpackte Fleischwurst nur noch ein paar Pfennige kosten darf, dann kann auf Dauer nicht widerstehen, wer am Markt bleiben will.

Im hinteren Fond des Vostell-Autos steckt eine Hollerith-Maschine, ein mit Lochkarten arbeitendes Vorläufermodell eines Computers. Mein Gott, waren wir *Herta*ner stolz, dass wir zu den ersten deutschen Großbetrieben gehörten, die um 1960 solch ein »Tool« nutzten! Man ahnte nicht – keiner hatte eine Vorstellung davon –, welchen Treibsatz man sich da ins Haus geholt hatte. Den Herzschrittmacher für ein ruinöses Rennen. Eine Bolzenschussmaschine gegen das menschliche Maß …

Es ist nun schon ein halbes Menschenleben her, dass das Diktat des »Größer, schneller, mehr« immer unangefochtener herrschte, auch in dem Bereich, den ich zu verantworten hatte. Größere Fabriken, Automaten, effiziente Logistik. Weitere Verbreitung, erst in der Region, dann bundes-, dann europaweit. Wachsen, um überhaupt noch Gewinne machen zu können.

Und ich muss nur Vostells Auto ins linke Scheinwerfer-Auge schauen, um daran erinnert zu werden, dass ich nicht nur Nachfolger und Nachbeter, sondern Prediger und Agent dieses Glaubens war. Durch den Scheinwerfer werden Dias auf eine kleine Leinwand geworfen. Das Diakarussell – auch so eine längst musealisierte Ikone der Nachkriegszeit – dreht sich mit dem typischen Plastik-Klack-Geräusch, und ich sehe mich als 25-Jährigen vor einem Chicagoer Wolkenkratzer.

Da ist erst einmal dieses Erstaunen über das Banale: darüber, dass es immer die alten Bilder sind, auf denen man jünger aussieht. Ein schlaksiger, bebrillter Jüngling, der so aussieht, als sei ihm die bauliche Übergröße in seinem Rücken unheimlich.

*

Das Jahr zehn nach dem Jahr null: 1955. Ich war 25 Jahre alt, alt genug, um den Untergang des Tausendjährigen Reiches noch hautnah erlebt zu haben. Und ich hatte dieses Kraftgefühl, das man wohl nur mit um die 20 hat, wenn die Ängste und Irritationen der Jugend überwunden sind und man noch keine oder nur wenige Narben auf Körper und Seele trägt. Und natürlich war ich in einer Weise privilegiert, die ich im Rückblick gar nicht hoch genug schätzen kann: Wenn es galt, mir eine Leiter hinzustellen – ich meine eine Leiter, um Überblick zu gewinnen, keine Karriereleiter –, spielten die Kosten für so ein Hilfsmittel keine wirklich große Rolle. Und mein Vater hatte ja sehr früh klargestellt, dass ich die Fabrik weiterführen sollte. Er wusste, dass man den Betrieb irgendwann neu erfinden müsste, wenn man ihn lebendig halten wollte.

Wäre *Herta* (Ende der 40er Jahre hießen wir noch *L. Schweisfurth, Fleischwaren- und Konservenfabriken*) damals eine sehr große Holzfabrik gewesen, hätte mir Vater wahrscheinlich eine ausgedehnte Informationsreise nach Kanada spendiert. Wären wir eine Marktgröße in Sachen Käse gewesen, wäre es wohl nur nach Holland oder Frankreich gegangen. So aber waren es die USA: New York und Chicago.

Ich befand mich in Gesellschaft meist älterer Leute aus der deutschen Fleischbranche auf Informationsreise in die Neue Welt. Die erste Station unserer Reise war New York. Woran ich mich heute am besten erinnere, ist ein anhaltendes Gefühl des Staunens. Normalerweise staunt man für Sekunden, ausnahmsweise mal für Minuten. Aber die damalige Verblüffung wurde zu einem die Reise begleitenden Grundgefühl. Und aus diesem Hochplateau des andauernden Erstaunens spitzten dann nochmals Gipfel hervor. Wir sahen bei der *Merkel Inc. New York* erstmals lange Fließbänder, auf die tote Schweine fielen. Männer beidseits des Bandes zerteilten die Schweinehälften, sie taten es mit automatenhaft schnellen, exakten Bewegungen. Wenn man die Augen zu Schlitzen verengte, verschwammen Maschine und Mensch zu einer einzigen Mega-Zerhackmaschine.

Erst wurden die großen Teile wie Schinken, Schulter, Koteletts und Bauch zerlegt, später aus den Schinken die Knochen herausgenommen und die Schwarte abgezogen. Diese Arbeit bewältigten etwa 30 Männer. Am Ende des Bandes war das Tier in seine Bestandteile … zerfallen. Jeder Arbeiter absolvierte nur seine wenigen Handgriffe. Die schlafwandlerische Sicherheit faszinierte mich, das hatte was von Vollendung.

Ich gäbe etwas darum, wenn ich, der 83-Jährige des Jahres 2013, heute den 25-Jährigen von 1955 befragen könnte: »Sag mal, mein junger Freund, warst du damals bei Merkel nicht wenigstens für Sekunden irritiert? Stand da nicht, wenigstens so als vorbeiwischender Gedanke, die Frage im Maschinenraum, was es für die Menschen bedeutet, wenn sie stundenlang nur getaktet und automatisch zucken?«

Ich kann heute den 25-Jährigen von 1955 nicht mehr befragen. Könnte ich, wäre die Antwort wohl: Nein. Ich war damals nur beeindruckt von rationeller Durchführung, von Schnelligkeit und Sauberkeit. Vom amerikanischen »Größer, höher, weiter«. Die Arbeit fand im oberen Stockwerk eines vierstöckigen Gebäudes statt. Das fand ich erst einmal verblüffend. Der Sinn dieser Überhöhung wurde schnell klar: Nach Bearbeitung der einzelnen Fleischteile fielen sie durch dicke Fallrohre jeweils in die zur Weiterverarbeitung richtigen Abteilungen. Genial! Im Geiste ratterten die Gegenbilder aus Herten vor meinem inneren Auge durch: schwitzende Männer, die schwere Stücke über Treppen und Absätze wuchten. Fleisch, dass in Loren über einen engen Hof von einem Trakt in den anderen geschoben werden muss. Mein Gott, war das gestrig! So, wie ich mich damals, müsste sich ein Wiener Pferdedroschkenkutscher gefühlt haben, hätte man ihn aus dem Jahre 1810 auf eine Autobahnbrücke des 21. Jahrhunderts gestellt.

Keiner der mitreisenden Fleischfachleute aus der Alten Welt hatte jemals so gut durchorganisierte Arbeitsabläufe gesehen. Kein Leerlauf. Es flutschte nur so. Beeindruckt oder eher noch verblüfft hatten mich auch die Fleischverzehrgewohnheiten meiner Gastgeber, der Familie Leon Rubin, ein großer Fleischimporteur. Als ich, so wie ich es gewohnt war, den Knochen meines T-Bone-Steaks sauber abfieselte, gab es erst ungläubiges Staunen (es hätte nicht größer sein können, wenn ich den Teller mitgegessen hätte) und dann freundliches Gelächter: Was macht *der Kraut* da eigentlich? »Bei uns in den Staaten muss man nicht wie eine Hyäne die Knochen abnagen«, meinten sie. Und das war durchaus herzlich gemeint. »This is America, boy!« Und, flapsch, hatte ich ein neues Steak auf dem Teller.

Ich war zum Glück nie in meinem Leben gezwungen, einem Knochen auch noch das letzte Stückchen Fleisch abringen zu müssen. Aber es hat mich zeitlebens verstört, wenn gutes, köstliches

Fleisch vom Teller weg entsorgt wurde. Ich habe dann in späteren Jahren häufig, bevor meinen teils hochmögenden Gästen der Teller abgetragen wurde, mit den Worten »Sie erlauben!« meinen Tischnachbarn eine Fettkruste oder einen fleischbehangenen Knochen vom Teller genommen und die Reste mit Wohlbehagen verspeist. Wenn dann eine pikierte Nachfrage kam, pflegte ich zu sagen: »Ich habe es dem Rind, das wir hier gerade essen, versprochen. Sie gestatten, dass ich nicht wortbrüchig werde.«

Die nächste Station war Chicago mit seinen großen Schlachthöfen. Manche hatten schon Geschichten über diesen Ort gehört. Aber was wir sahen, ließ alle Fantasien verblassen. Damals gab es noch die traditionellen Schlachthöfe wie *Swift* und *Armour*. Dazu noch einige Namen, die in den USA buchstäblich in aller Munde waren, die aber heute keiner mehr kennt. Wir standen in diesen riesigen Hallen wie die Würstchen vom Lande. Dass zum Beispiel die Koteletts an der Stelle im Parterre landeten, wo sie eingepackt und versandfertig gemacht wurden, das übertraf irgendwie das Schlaraffenland-Märchen von den Tauben, die einem gebraten zwischen die Zähne fliegen. Andere Fleischteile und Speck landeten genau dort, wo mit standardisierten Mixturen die Wurst gewürzt und fertiggestellt wurde. Wonderland!

Dass dafür zwangsläufig ein gewaltiger technischer Aufwand betrieben werden musste und möglicherweise viel Geschmack auf der vollautomatisierten Strecke blieb, drang erst einmal nicht in mein Bewusstsein. Ich glaube, so funktionieren Zaubertricks: Man sieht etwas sehr Beeindruckendes, das den analytischen Blick überblendet. Wir waren kollektiv sprachlos. Sonst hätten wir – etwa in kurzen Erholungspausen unseres Besucherprogramms – darauf kommen müssen, dass durch die immer gleichen Abläufe und standardisierten Rezepturen keinerlei individuelle Varianten mehr möglich sind. Und war ich nicht gerade noch mit dem Stolz des Metzgergesellen angereist, der es in der Hand und auf der Zungenspitze hat, herrliche Geschmacksnuancen zu kreieren? Und nun ging ich vor einer Großmaschinerie in die Knie, die all das nivellierte. Seltsam, aus heutiger Sicht! Wenn mir damals, als ich hingerissen alles aufsaugte, jemand zugeflüstert hätte, dass ich ein paar Jahrzehnte später das genaue Gegenteil von Standardisierung und Automation zur Maxime erheben würde, ich hätte das für üble Einrede gehalten. Aber vielleicht wurde ich damals unmerklich von einem Virus infiziert, mit einer langen Inkubationszeit.

In Chicago sahen wir auch, wie ein Zug nach dem anderen aus dem Mittelwesten ankam und Tausende von Rindern ausgespuckt wurden, die dann von verwegen aussehenden Männern auf Pferden in lange Gänge getrieben und in abgezäunte Areale gepfercht wurden. »Slaughterhouse Cowboys«. Die Areale waren von Brücken überspannt, auf denen Einkäufer standen, die Preise aushandelten. Eine Preisnennung bezog sich jeweils auf 50 Rinder. Es ging zu wie an der Börse, Preise wurden per Zuruf festgesetzt. Die Luft vibrierte nicht nur vor Lärm, sie waberte auch vor Gestank. Es roch bestialisch, es war fast unerträglich. Heute weiß ich, dass es Tieren in fast tödlichem Stress die Darmperistaltik durcheinanderbringt. Da schiss die arme Kreatur in Todesangst …

Die Gebäude der großen Fabriken, mehr oder minder eng zusammengedrängt, waren Ziegelbauten, die Deckenbalken überwiegend aus Holz, die Fußböden mit Sägemehl eingestreut, um tropfendes Blut aufzunehmen. Man musste es nicht wegspülen, sondern konnte die blutgetränkte Kruste von Zeit zu Zeit wegschieben. So konnte man ohne Wasser das Klima trocken halten. Der Preis war ein unerträglicher Geruch, der aus dem Areal

Warteboxen für tausende Rinder auf dem Schlachthof in Chicago: Bereits Anfang des 20. Jahrhunderts wurde die Schlachtung in Nordamerika industrialisiert.

hervorquoll und das ganze Stadtviertel überwölkte; der Westwind stülpte ganz Chicago eine Dunstglocke über. Der Geruchsmix aus Kot und Sägemehl, Schlachtabfällen und Blut war so penetrant, dass wir uns nasse Taschentücher vor die Nasen pressten.

Was wir Mitte der 50er Jahre sahen und rochen, war schon die abgespeckte Version des Grauens. Der amerikanische Autor Upton Sinclair (1878–1968) hatte schon 1906 eindringlich und realistisch den Arbeitsalltag und vor allem die Ausbeutung der Arbeiter in den riesigen Schlachthöfen Chicagos beschrieben, hatte einem entsetzten Publikum vor Augen geführt, wie das Vieh am Fließband getötet und in Dosen gepresst wird. Sein Roman »The Jungle« (deutscher Titel zunächst »Der Sumpf«, später »Der Dschungel«) schilderte die Zustände in den *Union Stock Yards* von Chicago und veranlasste schließlich die Durchsetzung eines speziellen »Gesetzes zur Inspektion der Schlachthöfe zwecks Aufrechterhaltung der Hygiene und des Lohnniveaus«.

Der Roman hat seiner Zeit nicht nur die amerikanische Öffentlichkeit in Aufruhr versetzt, sondern auch die damalige deutsche Regierung veranlasst, durch erhöhte Zölle die Einfuhr von US-Fleisch zu drosseln. Immer mehr schauerliche Details wurden von der Presse verbreitet. So auch die immer wieder gern kolportierten Fälle, dass Arbeiter in den Wurstbrei gerieten und teilweise eingedost wurden.

*

Vier Jahre nach meiner US-Rundfahrt in Sachen *Big Meat* las ich, dass Fließbänder erstmals von Henry Ford bei der Produktion der berühmten *Tin Lizzy*, der ersten Automobilgroßserie, eingesetzt wurden. Abermals ein paar Jahre später las ich die Korrektur: Ford hatte das Fließbandsystem von den Schlachthöfen Chicagos abkupfern lassen, dort, wo die Fließbandschlachterei erfunden und entwickelt wurde. Ein Unterschied war allerdings gravierend: In Chicago wurde an den Bändern zerlegt, in Detroit zusammengesetzt.

Schon während der Dampferfahrt zurück nach Europa entstand mein Plan, das »Mittelalter« in unserer alten Fleischfabrik zu beenden. Ich, Kolumbus Schweisfurth, bringe die Neue Welt per Schiff über den Atlantik! Unsere Methoden und Verfahren in Herten erschienen mir plötzlich so überholt, als wollte man im 20. Jahrhundert nach Art der alten Wagner Autoreifen produzieren. Und so ungefähr sagte ich es auch meinem Vater, der erstaunlich gelassen reagierte und in aller Ruhe die Skizzen betrachtete, die ich noch auf hoher See ausgearbeitet hatte. »Junge, das klingt gut, das machen wir auch!« Und nach einigem Nachdenken fügte er hinzu: »Junge, du machst das. Du hast das gesehen. Streng dich an. Wenn es nötig ist, helfe ich.«

Und tatsächlich, noch in den späten 50er Jahren begann die industrielle Um-, Auf- und Hochrüstung von *Herta*. Es entstand ein Ort moderner und durchrationalisierter Fleischproduktion.

*

Ich lasse den Projektor weiterklackern. Etliche Dias sind fast bis zur Unkenntlichkeit verblasst. Auch das könnte Vostell einkalkuliert haben: das Verschwinden der Bilder mit der Zeit, in der Zeit. Ich stehe immer noch allein vor seinem Buick. Auf diese Art und Weise »frisierte« Autos waren ein häufig benutztes Ausdrucksmittel Wolf Vostells. Ein in Beton gegossener Vostell-PKW heißt »Ruhender Verkehr«, ein anderes Vehikel, nicht minder berühmt, ist so sehr mit Fernsehgeräten vollgestellt, dass es unfahrbar wäre. Der technische Fortschritt und seine eingebaute Blockade.

Unser *Herta*-Auto zeigt auch ein wenig von Vostells zweit-liebstem *Kunst*-Stoff, nach Autoblech natürlich: Beton. Die Karre ist an die Wand gefahren, die ganze rechte Hälfte wird von einer Betonwand überragt. Man hört fast noch das Knirschen der Kollision, wenn man hinschaut. *Herta* an die Wand gefahren? Das wollte Vostell vermutlich nicht andeuten oder sagen. Nein, es ist das System, das sich totfährt ... indem es zu viele überfährt.

Vor der Vorderachse liegt ein ausgestopftes Kalb. Ein Opfer, es symbolisiert das Massaker, das wir anrichten, an der Schöpfung und an unseren Nutztieren. In Deutschlands größtem Schlacht-betrieb, *Tönnies* in Rheda-Wiedenbrück, sterben täglich 25 000 Schweine, 1700 stündlich. 160 Laster sorgen rund um die Uhr für Nachschub. Die Heinrich-Böll-Stiftung hat die Dimensionen in ihrem Anfang 2013 publizierten »Fleischatlas« dargelegt. Der deutsche Bundesbürger vertilgt demnach in einem Leben von statistisch durchschnittlicher Länge 1 094 Tiere – pro Jahr sind das 60 Kilogramm Fleisch, davon 39 vom Schwein. Auf Tierarten verteilt sieht das so aus: vier Rinder, 46 Schwei-ne, vier Schafe, zwölf Gänse, 37 Enten, 46 Puten und sage und schreibe 945 Hühner. Auf solche Zahlen kommt man nur, wenn man sich ranhält. 85 Prozent der Deutschen essen Fleisch tagaus, tagein und unterm Strich viermal so viel wie ihre Vorfahren Mitte des 19. Jahrhunderts. Die USA übertreffen unsere deut-sche 60-Kilo-Fleischmarke noch: Dort, wo der Verzehr von »Steak als ein Menschenrecht gilt« (*Münchner Merkur*, 15. Januar 2013), bringt es jeder Mann auf 70 Kilo, Frauen auf 45. Allerdings – und das hat mich dann doch verblüfft – ist in den Vereinigten Staaten auch der prozentuale Anteil der Vegetarier an der Gesamtbevöl-kerung höher als in Deutschland.

Ein wenig bekannter Folgeeffekt des globalen Fleischhungers ist Wassernot. Der »Fleischatlas« bringt das auf den Punkt: »Hinter einem Kilogramm Rindfleisch stecken sage und schreibe 15 500 Liter Wasser. Ein kleiner Swimmingpool voll Wasser für vier saftige Steaks?« Nicht der Durst des Viehs sorgt für diesen immensen Wasserbedarf, sondern vor allem die Bewässerung der Futterpflanzen. Die Landwirtschaft verbraucht 70 Prozent des weltweit verfügbaren Süßwassers, davon fließt ein Drittel allein in die Nutztierhaltung.

Dass zudem Gülle, also flüssiger Tierkot, in Gebieten mit hochkonzentrierter Massentierhaltung das Grundwasser verseucht, nahm man bisher in den Katastrophengebieten Niedersachsens zwischen Bremen und Osnabrück klaglos hin. (Halt, nein! »Klaglos« stimmt nicht so ganz. Klagen wurden routiniert niedergebügelt und missachtet; Lobbyisten der Agrarindustrie und deren »Volksvertreter« in den Ländern, in Bonn und Berlin verwiesen auf Arbeitsplätze, den freien Markt und darauf, dass sie vorschriftenkonform »ordentliche Landwirtschaft« betreiben.) Osteuropäische Schlachttrupps, die in Deutschland zu Billigstlöhnen arbeiten, zwingen den dänischen Marktriesen *Danish Crown* im Billiglohnland BRD schlachten zu lassen. Immerhin, am 22. Oktober 2013 vermeldete die Tagesschau, dass Gewerkschaften und etliche Politiker der im Entstehen begriffenen Großen Koalition aus SPD und Union auch einen Mindestlohn für Schlachthofarbeiter durchsetzen wollen.

Derzeit wird circa ein Drittel der pflanzlichen Welternte für die Futtermittelerzeugung verwendet. Agrarexperten – sofern sie nicht im Sold derer stehen, die die heutigen Wirtschaftsweisen partout fortsetzen wollen – sagen uns unzweideutig: Dieser Anteil ist absolut untragbar. Widerspruch? Ja, den gibt es.

Noch immer. Deutsche Bauernpräsidenten, wie zum Beispiel der bayerische, Walter Heidl, nennen das »den üblichen ideologischen Unsinn«.

Bereits ein Drittel der pflanzlichen Ernte weltweit
dient als Viehfutter: Riesige Soja-Monokulturen – wie hier in Brasilien –
verdrängen den Regenwald.

Um die vom Weltmarkt geforderten Massen herauszufüttern, abzuschlachten und zu vermarkten, ruinieren wir nicht nur die Wasserbilanz, sondern auch die Böden. Und die Märkte in ärmeren Teilen der Welt? Fleisch kommt mit dem Schiff, da kann preislich kein Lokalmarkt in Togo oder in Bangladesch mithalten.

Unsere hochgezüchteten Turboschweine und Hybridgeflügel fressen Getreide, Soja und Mais, das eigentlich für das Brot der Menschen bestimmt ist. Um ein Kilogramm essbares Schweinefleisch zu »produzieren«, werden 5,5 Kilogramm Getreide benötigt. Für ein Kilogramm Geflügelfleisch sind es 3,2 Kilogramm. Und das geht nur in Intensivhaltung ohne Bewegung auf engstem und klimatisiertem Raum. Sie sollten zumindest überwiegend das fressen, was für uns nicht geeignet ist – bildlich gesprochen: was von unseren Tellern übrig bleibt (etwa die Mengen Altbrot, die sonst in den Müll wandern). Rinder hingegen fressen Gras und Heu, das wir Menschen nicht essen können. Sie liefern uns dafür Milch, Fleisch und Häute. Sie brauchen kein wertvolles Getreide. Rinder leben auf Grasland in perfekter Symbiose mit uns. Dafür müssten wir dankbar ihr Maul küssen.

Für die bis an den Horizont reichenden Futtermittelanbauflächen, zum Beispiel in Südamerika, wird nicht selten den Kleinbauern Land geraubt oder abgetrickst. Lokale Selbstversorgung stirbt aus. »Das Vieh der Reichen frisst das Brot der Armen«, sagte der Schweizer Philosoph und Naturwissenschaftler Max Thürkauf (1925–1993) schon Ende der 70er Jahre des vergangenen Jahrhunderts.

Soja, der Billigstoff der Schweinemast, ist zu einem Schmiermittel der Weltwirtschaft geworden. Ähnlich wie Erdöl. Riesige Soja- und Mais-Monokulturen in Südamerika ruinieren schon mittelfristig ganze Landstriche so groß wie europäische Mittelstaaten. Der Fleischhunger Europas, der USA, Japans und zunehmend auch Chinas frisst den Planeten bei lebendigem Leib. Oder: 7,1 Milliarden Menschen verspeisen 27 Milliarden Tiere – wobei die Menschen aus den Wohlstandsgefilden der Erde den Anteil mitverzehren, an den Menschen in den Hungerländern nie kommen. Anita Idel, Tierärztin, Wissenschaftsautorin und Mitverfasserin des Weltagrarberichtes der Vereinten Nationen von 2008, hat das analysiert:

»Seit mehr als 45 Jahren importieren wir Futter, produzieren daraus Überschüsse und setzen anschließend Kleinbauern im Süden mittels subventionierter Exporte unter Druck. ›Unsere Nutztiere weiden am Rio de la Plata‹: Dieses Bonmot, das eigentlich ein Schlechtwort ist, stammt schon aus den Siebzigerjahren und inzwischen dient weltweit mehr als ein Drittel der pflanzlichen Ernte als Viehfutter. Über die Hälfte der Futtermittelimporte stammt aus Entwicklungsländern – produziert unter hohem Einsatz von Energie, Wasser und Chemie.

Noch krasser lauten die Zahlen, wenn wir die Proteine [Ei-weiße] bilanzieren: Circa 70 Prozent der in der EU verfütterten Proteine werden importiert. Zum kranken System gehört auch, dass viele Regierungen von Entwicklungs- und Schwellenländern auf die Produktion von Pflanzen ›für die schnelle Mark‹ setzen – sogenannte »Cash-Crops« wie Ananas, Futtermittel und inzwischen auch Pflanzen für die Treibstoffproduktion. Der Weltagrarbericht der Vereinten Nationen enthält kein generelles Statement gegen Subventionen in der Landwirtschaft; er moniert aber, dass den Hilfen keine ökologischen und sozialen Kriterien und Ziele zugrunde liegen.«

Anita Idel in: Karl Ludwig Schweisfurth: Tierisch gut.
Vom Essen und Gegessenwerden. Frankfurt am Main 2010

Aber die Dritte Welt ist weit weg. Uns plagt eher eigenes Übergewicht als fremder Leute Hunger. Und – immer mal wieder – schrecken uns die verringerten Heilungschancen, wenn wir krank werden. Der SPIEGEL (43/2013) schrieb zu dem bedrückenden Thema *Antibiotika-Resistenz durch Massentierhaltung*:

»*Der Antibiotika-Irrsinn hat bereits Folgen für den Menschen. Denn die Tierärzte verschreiben auch Mittel, die in der Humanmedizin eine wichtige Rolle spielen. In der Folge verbreiten sich multiresistente Keime wie MRSA- und ESBL-bildende Erreger, die Antibiotika unwirksam machen können. Bereits jetzt gibt es immer weniger Gegenmittel, weshalb man in den Krankenhäusern Alarm schlägt.*«

*

Ich bücke mich und schaue dem Kalb vor Vostells Buick in die Glasaugen. Dann richte ich mich auf – langsam, die Übung tut von Jahr zu Jahr immer etwas mehr weh – und blicke in die Mündung eines Schnellfeuergewehrs, das Vostell auf dem Kühler montiert hat.

Es drohen schon auf mittlere Sicht neue Kriege im Nahen und Mittleren Osten, lese ich in einer Schreibpause, und ich denke: Wir sind lange schon im Krieg. In einem neuen Kalten Krieg. Die Bedrohung des Planeten geht nicht nur von Raketen, Drohnen und Giftgas aus. Die Minen und Massenvernichtungsmittel liegen unter Zellophan in unseren Supermärkten. Und auf Millionen Grillfeuerchen in Gärten und auf Terrassen brutzelt der Stoff, den das Leben nicht mehr verdauen, nicht länger verkraften kann.

Ich bin länger geblieben als beabsichtigt. Vostells Auto – bis zur Achslasthöchstgrenze beladen mit Bedeutung – werde ich vermutlich nicht wiedersehen. Aber es gibt etwas, das ich unbedingt sehen will: ein Stück Silberstreif am Horizont. Und wenn ich es selbst hinpinseln muss. Ich bin auf dem richtigen Weg, das für mich am leichtesten zu erreichende Stück Horizont liegt in Herrmannsdorf bei München.

Kapitel 3

Der Leopard, die Ziege, der Sauerbraten und ich

„Ich bin Leben,
das leben will,
inmitten von Leben,
das leben will."

Albert Schweitzer

Das Jahr 1954. Vater schickte seinen besten Mann. Nach Angola. Und ich durfte mir schmeicheln, dass ich das war, mit knapp 24 Jahren.

Wirklich ich? Um ehrlich zu sein, die Frage, ob er nicht einen besseren, erfahreneren Kundschafter hätte schicken können, stelle ich mir nicht, zumal die zweimonatige Erkundungsreise ins südwestliche Afrika eine willkommene Unterbrechung meines BWL-Studiums war. Mein Vater hatte eine Idee, der er nachspüren wollte. In Angola begann die Monokultur Sisal, ein Produkt der Agave, zu schwächeln. Zum einen waren die Böden ausgelaugt, zum anderen zeichnete sich ab, dass die chemische Industrie billigere und brauchbarere Hartfasern liefern konnte.

In dieser Situation suchten weiße Farmer nach Alternativen, nach Möglichkeiten umzusatteln. Dort, wo es Klima und Böden möglich erscheinen ließen, investierten sie in Kaffee. Aber das war keine Lösung für die großen Flächen. Einige deutschstämmige Angolaner hatten beschlossen, groß in die Rinderzucht einzusteigen. Warum sollte, bei annähernd vergleichbaren geografischen und klimatischen Gegebenheiten, in Angola nicht möglich sein, was in Brasilien und Argentinien gut funktionierte?

Ich kann mich beim besten Willen nicht erinnern, was *genau* meinen Vater bewogen hatte, auf die angolanische Karte zu setzen oder es zumindest zu erwägen. Aber ich nehme an, dass es, wie so oft, sein Pioniergeist war: *Herta* – damals hatten wir um die Tausend Mitarbeiter – hatte bis dahin schon viele »firsts« in der Familienbetriebschronik: erster Betrieb mit einem großen Direktliefersystem für den damals noch weitgehend privaten Lebensmitteleinzelhandel, dem »Schnelldienst«; erster fleischverarbeitender Betrieb mit einem Großkühlsystem; erster Betrieb mit einer Marke und einem sehr einprägsamen Slogan: »*Herta,* wenn's um die Wurst geht.«

Es könnte ihn gereizt haben, erster europäischer Fleischindustrieller mit Beteiligung an einer angolanischen Fleischwarenfabrik zu sein. *Könnte.* Erst Jahrzehnte später kam mir der Verdacht, dass mein Vater mich ans andere Ende der Welt geschickt hatte, damit ich lernte, mich zurechtzufinden, mir dort ein Urteil zu bilden, wo mir niemand hilfreich zur Seite stehen kann.

Neben meiner eigentlichen Aufgabe, die Marktchancen zu prüfen, überwog das Erlebnis: Afrika! Das Land war noch friedlich, es herrschten paradiesische Zustände: für Wohlhabende, wohlgemerkt. Ich wurde von Familie zu Familie weiter- und herumgereicht. Viele hatten so etwas wie preußische Enklaven in Angola etabliert. Besonders bei der Familie von Krosigk in Zentralangola wehte ein scharfer Wind von Pflichterfüllung und Disziplin. Der Patron verlangte, dass die Seinen morgens um 6.30 Uhr mit ihm am Frühstückstisch saßen. Dann bestieg er pünktlich um 7 Uhr sein Pferd und saß in strammer Haltung im Sattel, während die Vorarbeiter und schwarzen Arbeiter in Reih und Glied standen und auf Tagesbefehle warteten.

Kolonialismus wie aus einem Bilderbuch anno 1870. Unten und oben waren nach strengem Schwarz-Weiß-Schema geordnet. Es gab Menschen auf der Farm, und es gab Schwarze. Die »genossen« allenfalls die Wertschätzung, die ein Handwerker seinen Werkzeugen entgegenbringt: Man geht so mit ihnen um, dass sie einsetzbar bleiben. Mehr war nicht. Ich fand das unsäglich. Und ich erinnere mich, dass ich mein Notizheft nicht offen herumliegen ließ, denn darin stand Klartext: einschlägige Stichworte für den Bericht an meinen Vater, der sich auch für die Produktionsbedingungen und die soziale Frage interessierte.

»In meinen Unternehmen steht der Mensch im Mittelpunkt.«
Das war bei ihm keinesfalls nur ein Lippenbekenntnis.

Ich hatte in den zwei Monaten, die ich in Angola verbrachte, natürlich nicht nur geschäftliche Termine, sondern auch Freizeit. Und was macht der weiße Herr, wenn keine Golfplätze oder Opernhäuser in Reichweite sind? Er geht zur Jagd. Nun bin ich wirklich kein Großwildjäger, aber mit 24 Jahren plötzlich die Chance zu haben, leibhaftig vor Löwen und Büffeln zu stehen und Elefanten in Rufweite zu sehen, ist einfach überwältigend. Und nach Landessitte stand man da in jenen Tagen halt eher bewaffnet als unbewaffnet. Die Zeit der geführten Fotosafaris war noch lange nicht angebrochen.

Ich hatte ein klein wenig Jagderfahrung, weil ich zu Hause schon dann und wann auf Hase und Reh angelegt hatte. Aber das nützt nicht wirklich, wenn man nachts in einem Zelt liegt und in gefühlten zehn Metern Entfernung Löwen brüllen. So ein Brüllen, das sich erheblich nach Hunger anhört. Ein im Busch erfahrener Rinderherdenbesitzer, der legendäre Onkel Oskar vom oberen Kunene-Fluss, der es wirklich gut mit mir meinte, schlug schließlich vor, ich solle in einer mondhellen Nacht auf einem Baum ansitzen, an dessen Stamm eine Ziege angebunden sein würde. Wenn dann der Leopard käme, bräuchte ich nur noch abzudrücken.

Nun gab es damals weit und breit keinen WWF, der einem gesagt hätte, dass man auf eine seltene und gefährdete Raubkatze keineswegs schießen darf. Leopard, Löwe, Spitzmaulnashorn, Elefant und Afrikanischer Büffel gehörten auch damals schon zu den legendären »Big Five«, die man gesehen, besser noch geschossen haben sollte.

Mein erster Büffel wäre auch fast das letzte Tier gewesen, das ich vor Augen hatte. Angeschossen rannte er auf mich zu und brach gerade noch rechtzeitig zusammen, bevor er mich und meinen Begleiter aufspießen konnte. Diese fast fatale Begegnung hätte mich eigentlich veranlassen sollen, das Leopardenangebot abzulehnen. Aber ich war 24. Und ich war in Afrika.

In jener Nacht saß ich schlotternd (ob vor Erregung oder vor Angst, das lässt sich nicht leicht trennen) und mutterseelenallein auf meinem Baum. Die Ziege unter mir blökte jämmerlich, und ich wusste nicht, wie ich die Nacht – mit oder ohne Leopard – herumkriegen sollte. Irgendwann werde ich wohl eingeschlafen sein, denn das, was dann geschah, hat in meiner Erinnerung keine Vorgeschichte. Da war plötzlich ein entsetzliches Geblöke, das in einem Röcheln erstarb. Der Leopard hatte gerade die Ziege gerissen. Ich war starr vor Schreck, unfähig, mich zu rühren, geschweige denn zum Gewehr zu greifen. Die große Katze versuchte, die Ziege davonzuschleifen, was der Strick verhinderte. Schließlich machte sie sich davon.

Dem Herdenbesitzer habe ich irgendwas von »unmöglichem Schusswinkel … und der Baumstamm hätte den Leo abgedeckt« erzählt. Wenn er es nicht geglaubt hat – was ich stark vermute –, war seine Reaktion sehr beherrscht und höflich. Vielleicht auch deshalb, weil ja noch unsere Entscheidung ausstand, ob oder wie man sich an den angolanischen Rinderverwertungsideen beteiligen wolle. (Vaters Entscheidung war übrigens ein glattes Nein.) Meine Kommilitonen in Köln bekamen die üblichen heroischen Jagdgeschichten zu hören. »Auge in Auge mit dem präzisesten Töter der Savanne … Mondlichtreflexe im Auge der absprungbereiten Katze … der Schwanz peitschte vor Erregung den Savannenboden, während sie zum tödlichen Genickbiss ansetzte …« Und so weiter.

Experten, die Sprache und Denken erforschen, benutzen bisweilen den Begriff »unbenanntes Denken«. Sie meinen ein Denken, das sich nicht klar von Begriff zu Begriff bewegt, sondern das einen in einem Strudel von Bildern und Empfindungen »durchpulst«. Irgendetwas an der Grenze zwischen Fühlen und Denken. So ein Strudel war damals – ich allein über der toten Ziege und ein sehr lebendiger Leopard – in meinem Hirn. Mit starken Schlieren von Angst darin.

Wenn ich heute daran denke, fällt mir vor allem auf, was ich *nicht* gedacht habe. Ich sah, dass der Leopard tötete, aber mir kam kein Gedanke daran, mit welchem Recht und welcher Berechtigung ich töten sollte. *Sollte*, denn zum Töten war ich ja auf den Baum gestiegen. Um Nahrungserwerb konnte es nicht gehen, in diesem Fall hätte man zweckmäßigerweise die Ziege selbst verspeist. Um Schutz von Nutztieren auch nicht. Leoparden erbeuten keine Kälber. Sie überfielen, zumindest auf der Farm der Familie von Krosigk, auch keine Ziegenställe, bedrohen noch nicht einmal die halbwilden Hunde am Gutshof.

Damals in Afrika noch nicht, aber seither habe ich immer wieder, in unterschiedlicher Intensität und in verschiedenen Annäherungen, über das Töten und das Tötendürfen nachgedacht. Nicht etwa weil ich morbide oder gar nekrophil wäre. Ich konnte dem Todes-Komplex nicht ausweichen, das brachte allein schon der Beruf mit sich.

*

An eines dieser Denkgespräche erinnere ich mich deshalb so genau, weil ich es von Tonbandaufzeichnungen abgeschrieben und gelegentlich immer mal wieder gelesen habe. Ich hatte Ende der 90er Jahre die Idee, ein Büchlein aus Tischgesprächen zu machen, zumindest aus solchen, die etwas hergeben, und ließ bisweilen – natürlich immer nur nach vorheriger Anfrage – ein Aufnahmegerät laufen. Auf den Kassetten fand sich viel Geschirrgeklapper und Geplapper. Aber auch Perlen wie diese:

Eines Tages fragte mich, während ich im *Herrmannsdorfer Schweinsbräu* auf eine Portion Sauerbraten wartete, mein damaliger Gast, mein alter Freund John: »Was empfindest du, wenn du ein Tier tötest? Was erlebst du dabei?«

Die Frage traf mich nicht ganz unvorbereitet – eher unpässlich: beim Fleischgenuss nämlich. John, das wusste ich aus vielen guten Gesprächen, ist keiner, der mich einfach nur provozieren will. So nach dem Motto: »Sag, was du willst, ich hau dir deine Antwort um die Ohren, weil ich die richtige Antwort kenne und jede deiner Einlassungen pulverisieren werde.«

»Erlaubst du, dass ich etwas aushole, John?«, entgegnete ich. John nickte, aber sein hintersinniges Lächeln gab mir zu verstehen, dass er auf der Hut sein und mir nichts durchgehen lassen würde, keinen Versuch, seine Frage in philosophischen Bögen zu umlaufen.

»Nach allem, was ich weiß und gelernt habe«, begann ich, »ist es ein Urgesetz des Lebens, dass wir Leben nehmen und töten, um zu leben. Das eine lebt vom anderen. Kein Löwe ohne Gnu, kein Fuchs ohne Maus, kein Fliegenschnäpper ohne Fliege.«

John forcierte sein Lächeln, es wurde einen Tick härter: »Aha, du willst auf das Naturgesetzliche hinaus? Ein prächtiger Fluchtweg. Der Mensch ist Teil der Natur. Die Natur lebt vom Töten. Also vollzieht der Tiere tötende Mensch, der Schlachter zum Beispiel, nur das Naturgesetz. Darauf willst du hinaus?«

»Keineswegs, John, ich will nicht darauf *hinaus*. Ich will erst einmal klarstellen, wo wir *herkommen*. Wir kommen aus der großen Tiergruppe der Omnivoren, der Allesfresser, der Pflanzen- und Fleischfresser.«

John nickte, schwenkte ein Salatblatt im Dressing und sagte: »Ich verstehe, weil wir Omnivoren sind, ist die Sache mit dem Töten, mit dem Schlachten per se in Ordnung?«

»Ganz und gar nicht. Wir müssen über das *Vorher*, über das *Wie* und vor allem über das *Wieviel* sprechen. Also der Reihe nach: *Wie* haben die Tiere, die wir essen, gelebt, *was* haben sie gefressen, *wie* werden sie getötet? Und dann das *Wieviel*. Wie viele Schlachttiere erträgt der Planet?« Ich sah, wie sich John erneut an dem hervorragenden knackfrischen Salat bediente, und konnte es mir nicht verkneifen, einen kleinen Stachel auszufahren: »Du verleibst dir gerade ein Stück getötete Pflanze ein. Es sind doch nicht nur Spinner, die uns sagen, Pflanzen seien differenzierte Lebewesen. Ich habe gelesen, dass Pflanzen sogar miteinander kommunizieren können.« John sah verdutzt auf, und ich fuhr, einmal in Schwung gekommen, fort: »Die Dame da drüben am Tisch, gleich am Eingang, die isst gerade diesen wunderbaren Sanddorn-Sahnejoghurt. Schön vegetarisch. Aber die Milch, ohne die es den Joghurt nicht gibt, wurde einem Kalb weggenommen. Und [ich beugte mich zurück, um unter den Tisch schauen zu können] diese wunderbar leichten Schuhe, die du trägst, die sind aus Leder. Vermutlich Rindsleder. Die Haut dafür ist das Rind nicht ohne Gewaltanwendung losgeworden. Ich sag das nicht, um witzig zu sein. Ich frage mich nur, wie konsequent müssen wir sein, wenn wir konsequent sein wollen. Und können wir überhaupt leben, ohne Tiere zu nutzen?«

John tat so, als hätte ihn meine Anspielung auf das tote Salatblatt tief erschreckt, und er schob mit gespieltem Entsetzen den gemischten Salat zur Seite, tupfte sich die Lippen und sagte: »Eigentlich hatte ich dich gefragt, wie du persönlich mit dem Töten fertig wirst, was es mit dir macht.«

»Immer noch viel. Ich habe schon viele Tiere geschlachtet, und es berührt und bewegt mich immer noch.«

»Aber du schlachtest nur dann und wann selber, eigenhändig. Wenn du am Fließband schlachten müsstest, Tag für Tag, würdest du es sicher nicht durchstehen, wenn es dich, wie sagst du noch gleich, bewegt.«

»Ja, dem Mann, der im Akkord betäubt oder dem betäubten Schwein zum Ausbluten in die Schlagader sticht, dem hilft nur noch Verdrängen. Ich meine: Auch das Schlachten dürfte nur so stattfinden, dass es für Schlachttiere so stress- und schmerzfrei wie möglich ist. Unsere großen, zum Teil gigantisch großen Schlachthäuser sind immer mehr Orte übler Barbarei. Automatisierter Barbarei, man lässt Maschinen töten.«

John fiel mir ins Wort, während ich mich anschickte zu sagen, was ich mit »Barbarei« meinte: »Stopp, stopp! Karl Ludwig, lass uns jetzt nicht über das Gemetzel in den Schlachthäusern reden. Ich glaube, ich weiß das – wenn auch wohl nicht in allen schauerlichen Details. Sag mir lieber, was an eurer Art des Schweinetötens hier in Herrmannsdorf – mir fehlt jetzt ein Wort, ich sage mal –, was an eurer Art des Tötens *humaner* ist als üblicherweise.«

Ich überlegte, ob »human« mit Bezug aufs handwerkliche oder industrielle Tiere-Töten überhaupt ein tauglicher Begriff sein kann, entschloss mich aber zu einer praktischen Antwort: »Also, da wären die sehr kurzen Wege von dem Ort, an dem die Tiere gelebt haben, bis zu dem Ort, wo sie getötet werden. Die Herrmannsdorf-Schweine müssen nicht aufs Engste gepfercht über Hunderte von Autobahnkilometern durchstehen. Wenn sie am Schlachthaus ankommen, geht ihr Mensch, also der ›gute Hirte‹, mit ihnen die letzten Meter, redet mit ihnen, sie hören die vertraute Stimme. Da, wo die Tiere betäubt werden, darf es keine lauten Geräusche geben, kein Klappern von Metall, kein Zischen von Pressluft, keine Rufe. Die Tiere sind äußerst lärmempfindlich, unbekannte Geräusche erschrecken sie. Und dann schreien sie. Bei uns ist kein Schrei zu hören. Und ganz wichtig: Bei uns ist der Raum, in dem zum Beispiel die Rinder getötet werden – also der Raum, in dem sie betäubt werden – getrennt von dem Raum, in dem sie ausbluten. Kein Stress, was übrigens auch der Fleischqualität zugutekommt: Die Ausschüttung von Stresshormonen kurz vor dem Tod teilt sich in negativer Weise dem Fleisch mit. Und dann muss derjenige, der die entscheidende Betäubung der Schweine mit der Elektrozange hinter den Ohren ansetzt, sehr sicher und schnell sein. Er muss die Zeit haben, sich auf jedes Tier zu konzentrieren.«

John schaute mich mit diesem listigen, leicht aufwärtsgerichteten Blick an, der für mich immer wortlose Ermahnung ist, gedanklich so präzise wie möglich zu bleiben, und er sagte: »Lässt du mich zuschauen?«

»Ja!«

John reagierte nicht sofort, vermutlich hatte er eine ausweichende Antwort erwartet. Schließlich sagte er: »Vielleicht traust du mir mehr zu als ich mir selbst. Du weißt ja, das Töten …«

»Ja, ich weiß: Schlachten ist Töten. Ein Lebewesen, das mir gerade noch seine Fähigkeit zum Glücklichsein – zum schweinemäßigen Glücklichsein – gezeigt hat, wird vom Leben zum Tod befördert. Damit aus Leben ›Lebens-Mittel‹ werden kann. Aber das Entscheidende und, wenn du so willst, das Einzige, das mich legitimiert, diesem Wesen gewaltsam das Leben zu nehmen, ist, dass es ein Leben vor dem Tod hatte. Ein richtig gutes Schweineleben. Das bestmögliche. Immer noch ein kurzes, aber unsere Schweine in Herrmannsdorf werden mit etwa zwölf Monaten immerhin fast doppelt so alt wie die aus der konventionellen Intensivmast.«

Ich hatte nicht das Gefühl, dass ich John überzeugt hatte. Aber das wäre auch verwunderlich gewesen, zumal ich mich ja selbst in andauerndem Zweifel befand. »Ich weiß, John, es bleibt dieses schwer zu Ertragende. Das hat ein Inuit-Schamane einmal so ausgedrückt: ›Die Tragik des Lebens ist, dass die Nahrung der Menschen aus lauter getöteten Seelen besteht.‹«

John nickte zustimmend: »Eine Tragik, die wir verdrängen, richtig?« Und noch während er das sagte, winkte er den Ober heran und orderte einen Sanddorn-Joghurt. »Garantiert ohne Seele, die man mitessen muss«, sagte er und fügte hinzu: »Übrigens, was hast du mit dieser Tonbandaufzeichnung vor?«

»Weiß ich noch nicht, John. Ich bin mit dem, was wir den Tieren antun, noch nicht durch. Und da hilft es, wenn man sich und vor allem guten Mitdenkern beim Denken zuhört. Hoffentlich.«

Kapitel 4

Mit Else fing alles an

„Erzähle es mir
und ich vergesse,
zeige es mir
und ich erinnere,
lass es mich tun
und ich verstehe."

Konfuzius

Es muss im Jahre 1970 gewesen sein, der Blütezeit von *Herta*, als es dieses *Wetterleuchten* gab. Ich hätte statt *Wetterleuchten* fast *als der Blitz einschlug* geschrieben. Aber er schlug nicht ein. Anfang der 70er Jahre noch nicht. Der Tag, an dem Else nicht zum Schlachter musste, brachte ein frühes Vorzeichen. Ein Vorzeichen für das ganz große, klärende Gewitter, nach dem ich nicht mehr Fleischgroßindustrieller sein wollte. Und konnte.

Ich saß in meiner Ecke im *Herta*-Großraumbüro und hatte einige Experten um meinen Tisch versammelt. Worum es an diesem Tag genau ging, weiß ich nicht mehr. Aber die Wahrscheinlichkeit ist groß, dass es – wie so oft – um Großvieheinheiten (GV) ging. Von Großvieheinheiten reden Agrarier, wenn sie davon abstrahieren wollen, dass es um Lebewesen geht. Es rechnet sich leichter, wenn man von allem absieht, was mit Gefühlen besetzt sein könnte. Eine Großvieheinheit entspricht dem Gewicht eines ausgewachsenen, 500 Kilogramm schweren Rindes. So hat ein Kalb 0,4 GV, ein Mastschwein 0,12 GV.

Da erschien Anne, meine damals achtjährige Tochter. Sie war sehr aufgeregt. Eltern haben ein Gespür dafür, ob es sich um eine kleine, alltägliche Kinderaufgeregtheit oder um ein Seelenbeben handelt. Hier ging es, ein einziger Blick genügte, mehr um die zweite Kategorie.

»Anne was gibt's?« Anne brauchte zwei, drei Anläufe, um zu sagen, was sie bedrückte. Das war alarmierend, denn dass ihr die Worte im Halse stecken blieben, war für Anne schon in Kindertagen ungewöhnlich. »Nun mal raus damit ...«, ermutigte ich sie.

»Vater, da oben in der Resser Schweiz [die Hertener nennen die schöne, bäuerlich geprägte Landschaft im Norden der Stadt liebevoll Schweiz] steht auf der Weide ein kleines Pferdchen.«

»Ja und?«

»Das heißt Else. Reichenbach [der Pferdehändler] sagt, wenn er keinen Käufer findet …«, sie schluckte und fuhr dann tapfer fort, »… dann muss das Pferdchen zum Schlachter. Vater, bitte, bitte, komm und schau es dir an.«

Kurze Denkpause. Schließlich: »Meine Damen und Herren, Sie entschuldigen! Wir haben einen Notfall. Wir sind mit dem Wesentlichen durch, meine ich. Ich schlage vor, dass wir den Rest telefonisch … Meine Sekretärin wird Ihnen …« Und so weiter. Annes kleine, heftig ziehende Hand ruckte in meiner.

Anne und ich fuhren in die Resser Schweiz. Und da stand der vierschrötige Reichenbach an der Pferdekoppel, so als hätte er uns erwartet. Gleich wird er die üblichen Pferdehändlertricks auch bei mir anwenden, sagte ich mir. Na gut, soll er nur, ich kenne ihn schließlich aus Jugendtagen. Ich beschloss, das Spiel mitzuspielen. Das Pferdchen wurde begutachtet, von der einen Seite heftig gut-, von der anderen schlechtgeredet, es wurde gehandelt, die Zähne betrachtet, die Fesseln prüfend abgetastet … bis schließlich, wie konnte es anders sein, der Kaufpreis per Handschlag festgelegt wurde und das Pferdchen in unseren Besitz überging.

»Anne, kannst du das Pferd alleine zum Kräuterhof bringen? Schaffst du das? Kennst du den Weg?«

Anne strahlte: »Klar kann ich.«

Ich fuhr schnell zum Kräuterhof, denn ich wollte die Ankunft von Anne mit ihrem neuen Pferdchen erleben. Es dauerte nicht lange, da kamen die beiden, Anne hüpfend und Else im Trab hinterher. Da war etwas Besonderes geschehen, das war »unüberspürbar«, etwas, dessen Folgen und Auswirkungen ich damals ganz bestimmt nicht geahnt habe. Ein Stall wurde eingerichtet, der nicht nur für Else, sondern auch für Anne zum festen Aufenthaltsort wurde.

Anne Schweisfurth mit »Else« auf dem Kräuterhof in Herten: Ein Tierleben
wurde gerettet, ein junges Menschenleben nachhaltig geprägt.

Else wurde immer dicker. Die Bauern der Nachbarschaft sagten: »Anne, du gibst dem Tier zu viel Hafer!« Der Grund fürs Dickerwerden war allerdings ein anderer. An einem Morgen lag ein Fohlen neben Else im Stall. Welch eine Aufregung, welch ein Glück! Anne schlief viele Nächte auf einer dicken Wolldecke mit den beiden im Stall. Meine Frau hatte das großzügig erlaubt.

Was war geschehen, an diesem Sommertag 1970, als eine Konferenz *vor* dem regulären Ende zu Ende ging, weil Tochter Anne sich nicht abweisen ließ? Es war ein Leben gerettet worden, ein Tierleben, oder sogar zwei, wenn man den Pferdeembryo mitzählt. Und ein junges Menschenleben, das meiner Tochter, war nachhaltig berührt worden.

Und mir, der ich den Rest des Tages vermutlich wieder mit der Marktgängigkeit getöteter Tiere zu tun hatte, blieb dieses Dilemma, das der Biologe und Philosoph Rupert Sheldrake einmal trefflich so formuliert hat: »Wir Menschen unterscheiden zwischen Tieren, die wir ans Herz drücken, und Tieren, die zu Tierfutter verarbeitet werden.«

*

Eine Weile nutzte ich einen Fluchtweg. Einen, der mich, schlingernd zwar, aber immerhin, an den Konsequenzen vorbeiführte, die man ziehen *muss*, wenn man einerseits Tiere liebt und andererseits Tiere gnadenlos vermarktet. Ich baute mir in Holtwick im Münsterland eine Welt, wie ich sie für gut und richtig hielt, einen Bauernhof mit Mutterkuhherde. Aber ich lebte und agierte weiterhin das Gros meiner Zeit in der *Herta*-Welt, in der Kubikmeter-Fleisch-Welt. Und Holtwick – es wäre schon ein wenig verlogen, es zu verschweigen – gönnte ich mir auch deshalb, weil ich nur so an eine Fleischqualität kommen konnte, die in Europa sonst nicht zu haben war. Ich verhielt mich also ein wenig wie der Bauer aus dem wunderbar bösen *Biermösl-Blosn*-Lied (»Im Märzen der Bauer ...«), der seine Kartoffeln zum Markt fährt und auf dem Rückweg schnell noch Reformhaus-Kartoffeln kauft: »... denn er weiß schon warum!« Und was die Well-Brüder von Kartoffeln sangen, gilt natürlich ganz besonders auch für Fleisch.

Glücklich machte mich, dass meine Kinder viel Zeit in Holtwick im Münsterland verbrachten. Mit den Tieren, denen es so gut ging. Im Herbst des Jahres, in dem Else gerettet wurde, stand eine Entscheidung an: Unsere sechs Zuchtbullen brauchten eine Winterunterkunft. Wunderbarerweise gab es die räumliche Möglichkeit, sie unweit unseres Hertener Wohnhauses unterzubringen.

Es waren Bullen der französischen Rasse Limousin, in Deutschland »Gelbvieh« genannt. Deshalb nannten wir sie Mao Zedong, Zhou Enlai, Lin Biao und so weiter. Ich rief meine drei Kinder, Karl, Georg und Anne, zusammen. »Kinder, habt ihr Lust, die Tiere zu versorgen?« Ein dreistimmiges »Ja!«.

»Moment! Das heißt: morgens früh aufstehen, im Dunkeln die Tiere füttern, dann zurück nach Hause und unter die Brause, ihr könnt ja schlecht mit Stallgeruch ins Klassenzimmer.« Alle drei nickten heftig.

»Moment, Moment! Es geht noch weiter: abends noch mal füttern, tränken, misten, schauen, ob es allen gut geht …« Noch heftigeres Nicken.

»Ich zahle das, was ich auch einem professionellen Tierpfleger zahlen würde.« Ein Zusatzeinkommen zum Taschengeld, das ich immer eher spärlich bemessen hatte. Jubel!

Unser Zimmermeister Dimmerling baute die Ställe unterhalb unseres Wohnhauses am Hertener Paschenberg zu einem westfälischen Bauernhof um, mit einer großen Tenne und umliegend den Ställen für die Tiere. Alles aus schönem, altem Eichenholz. Man mag das nachempfundenes 19. Jahrhundert nennen oder eine nachgebaute bäuerliche Idylle. Mir ging es nicht um Stilfragen oder um Freiluftmuseumspädagogik. Ich wollte letztlich gute Lehrer und Trainer für meine Kinder engagieren und ihnen auch eine Unterkunft bieten. Die besten Lehrer: Tiere.

Im nächsten Sommer kamen 20 hochträchtige Mutterkühe auf die Weiden rings um den Kräuterhof. Karl und Georg, beide damals zwölf Jahre alt, betreuten nun auch diese Herde. Sie halfen, wenn nötig, bei der Geburt. Und sie versorgten die frisch geborenen Kälber, so wie wir ihnen das gezeigt hatten. Zu Else und ihrem Fohlen gesellten sich weitere Pferde, dazu ein Schwein. Es waren die Kindersommer mit flirrender Hitze, Wolkenbrüchen, Kälbern, die staksbeinig erstmals gegen Euter stoßen, und Schweinen, die im Schlamm wonnebaden.

Aber es war auch die Zeit der RAF. Ich hatte, zumal meine Kinder sich mit den Tieren weit vom Haus entfernten, Angst vor Kidnapping. Ede aus Ostpreußen, ein ehemaliger Frontsoldat, bekam eine Pistole. »Ede, pass gut auf die Kinder auf, besonders frühmorgens …«

*

Ich bin kein Theoretiker. Und wie intensiv und wohltuend Tiere auf heranwachsende Menschen wirken, war in den 70er Jahren wohl nur einigen Lehrern vom alten Schlag bekannt. Die Reformpädagogen der 20er Jahre hatten zwar eine Ahnung davon, aber sie wurden erst in den 80ern wieder gelesen. Was ich mit unserem Bauernhof richtig gemacht hatte, geschah intuitiv, aus einem Bauchgefühl heraus.

Bauchgefühl? Ich halte inne. Bei mir funktionierte damals – alles in allem, wenn auch nicht mehr störungsfrei – eine Art Denkschutz. Es gab im Kopf eine Brandmauer, die lange hielt. Sie trennte kategorisch die Tiere, die man ans Herz drückt, von solchen, mit denen man sich den *Bauch* vollschlägt. Letztere waren meine »*Cash Cows*«. Da waren die Tiere, die einen Namen hatten, denen man ins Auge schaute, die man womöglich sogar beerdigte. Und da war das anonyme Massenheer der Kalorienträger … auf Hufen, Klauen und Krallen.

Es gab offensichtlich zwischen meinen Kindern und den Tieren eine Beziehung und eine Kommunikation der ganz besonderen Art. Sie konnten ihren Kummer und ihren Ärger über die blöden Eltern und die doofen Lehrer den Tieren erzählen. Die

Das Tier als »Mitgeschöpf«: Begegnungen der besonderen Art im »Dorf für Kinder und Tiere«.

hörten geduldig zu. Und meine Kinder spürten ganz sicher ein Glücksgefühl. Dieses Gefühl folgt der Erfahrung, dass man über den Kommunikationsgraben hinweg (Tiere sprechen bekanntlich nicht mit Worten) gleichwohl kommunizieren kann. Es gibt *Ich* und *Du*. Und nicht nur *Ich* und *die anderen*.

Sehr viel später in meinem Leben ist mir das alles wieder in Erinnerung gekommen. Und mir ist bewusst geworden, wie wichtig es für Heranwachsende ist, je früher, desto besser, mit den großen bäuerlichen Hoftieren zu leben. Ich weiß natürlich, dass das für Stadtkinder nur punktuell und ausnahmsweise möglich ist. Aber ausnahmsweise ist besser als gar nicht. 30 Jahre später entstand aus diesem Ideenimpuls heraus unser »Dorf für Kinder und Tiere« in Herrmannsdorf. Schulkinder, gerne auch solche, die die Natur nicht vor der Haustür haben, leben eine Woche lang in Jurten und wunderschönen Großzelten, wachen vom Hahnenschrei auf, sehen den Schweinen beim Wühlen zu und den Enten beim Baden, helfen in den Gärten, wenn sie möchten, und, ganz wichtig, erarbeiten ihre eigene Nahrung. Sie mahlen Getreide für ihr täglich Brot, ernten Gemüse, machen aus Wurstbrei Wurst, mosten, erleben Land.

Immer wenn ich es zeitlich einrichten kann, führe ich Kinderferiengruppen durch Herrmannsdorf. Ich stelle mich dann als »der Alte von Herrmannsdorf« vor, sage, dass ich einen weiten Weg hinter mir habe – einen Weg, der eigentlich viel länger ist als der vom Ruhrgebiet nach Oberbayern –, und erkläre, warum Herrmannsdorf so ganz anders ist als das, was es sonst bei der Lebensmittelproduktion zu sehen gibt.

Was immer laut wird, spätestens, wenn die Kinder den Herrmannsdorfer Glücksschweinen beim Suhlen oder Futterpflügen zuschauen, ist die Frage nach dem Töten. »Ja, auch diese Schweine, denen es sichtbar saugut geht, werden getötet«, sage ich dann. »Aber wir versuchen, in Herrmannsdorf so achtsam und für das Schwein so unmerkbar wie möglich *das* zu tun, was nötig ist, damit aus einem Lebewesen ein ›Lebens-Mittel‹ wird.« Die Kinder wollen es dann immer genau wissen. Und ich erzähle ihnen, dass die Schweine bis zum letzten Moment die ihnen vertraute Menschenstimme im Ohr haben, dass keinerlei Hektik und Panik aufkommen darf. Und ich sage ihnen auch, dass die Schweine elektrobetäubt werden, ehe sie zum Ausbluten hochgezogen werden.

»Kinder, schaut, was für wunderbare Lebewesen diese Sauen mit ihren Ferkeln sind. Für diejenigen, die christlich erzogen sind, sind das Mitgeschöpfe! Sie haben ein natürliches Recht auf ein gutes Leben. Aber, Kinder vergesst nicht, es sind Schweine, keine Menschen.«

Die zweite Station unseres Info-Weges bildet ein ganz besonderer Rundgang. Einer von unten nach oben. Den Aushub für unsere Bio-Klärteiche hat ein tüchtiger Baggerfahrer nach den künstlerischen Vorgaben von Mary Bauermeister und Peter F. Strauss zu einem Labyrinthberg aufgeschoben. Ehe ich mit den Kindern den gewundenen Pfad bis zur Spitze gehe, erzähle ich die alte Geschichte von Theseus, Ariadne und dem Minotauros. Die Geschichte von der Königstochter, die ihrem Geliebten einen zum Knäuel gewickelten Faden in die Hand drückt, damit er aus dem Labyrinth zurückfindet, nachdem er in dessen Zentrum das Untier gestellt und getötet hat.

Viele Kinder kennen diese antike Sage. Zusammen mit unserem Labyrinthberg gibt sie mir die Möglichkeit, etwas *Moral von der Geschicht'* zu verbreiten: »Kinder, das Leben macht bekanntlich große Umwege. Man kommt nicht auf geradem Weg und ganz schnell ans Ziel, das man sich gesteckt hat. Man hat es schon nah vor Augen und muss dann doch wieder einen Umweg machen. Man darf allerdings sein Lebensziel nie aus den Augen verlieren.«

Auf der Plattform oben im Zentrum des Labyrinths steht ein Bergkristall, umrahmt von kleinen Findlingen. Und manchmal höre ich oben – die Kinder sind dann meist still, nachdem sie den Weg über noch eifrig geschwatzt haben – so ein leises Klicken. Ich glaube, wissen kann ich es nicht, es entsteht, wenn sich ein gutes Bild ins kindliche Gemüt prägt.

Begeisterung für den Umweg: auf dem verschlungenen Weg des Herrmannsdorfer »Labyrinthbergs«.

Wenn wir die frei stehenden Kunstwerke passieren, fällt fast immer der Satz: »Kinder, wenn ihr etwas seht und den Zweck nicht erkennt, dann ist es Kunst.« Ich denke mal, mein Alter schützt mich davor, von den Kunstwissenschaftlern, die ja bei diesen Führungen zum Glück nicht dabei sind, für diese Definition verprügelt zu werden.

Besonders freue ich mich immer auf die »Zaun-Station«. Im Zentrum von Herrmannsdorf umfasst ein Zaun unseren Kindergarten. Auf jedem Eichenpfosten ist ein Buchstabe eingeschnitten. Das Ganze ergibt einen Satz. Die Kinder gehen, manche rennen, den Zaun entlang und entziffern: »Und der Herr setzte den Menschen in den Garten Eden, auf dass er ihn bebaue und bewahre.«

Nicht alle Kinder, vielleicht noch nicht einmal alle, die einen katholischen Kindergarten durchlaufen haben, wissen, was der Garten Eden ist. Ich sage dann, dass kluge Menschen vor 2500 Jahren diese wunderbare Geschichte vom Garten Eden, vom Paradies, aufgeschrieben haben. »Und das Paradies, bitte schaut euch um, der Garten Eden ist hier.«

Die Kinder schauen sich dann nochmals gründlich um. Und ich sage: »Aber auch in diesem Paradies müssen wir den Acker bebauen, was richtig harte Arbeit ist, und wir müssen Tieren, die wir essen wollen, das Leben nehmen. Ja, kann es denn dann überhaupt noch ein Paradies sein?«

Das mag wie eine überfrachtete Frage klingen. Die Antworten, die wir, meist im lockeren Gespräch, finden, sind es nicht. Irgendwann fasse ich zusammen: »Wir müssen mit dem Boden so umgehen, dass noch viele Generationen nach uns gut davon leben können. Das sagt uns das Wort ›bewahren‹. Und damit es gut geht, braucht es das wichtigste Tier der Landwirtschaft. Wichtiger noch als Kühe, Schweine, Hühner und Gänse, wichtiger als all diese Tiere zusammen. Und dieses Tier zeige ich euch jetzt.«

Wir gehen ein paar Dutzend Meter weiter. »Ihr erfahrt gleich, warum wir diesen schönen Spaten mitgenommen haben. Ich brauche jetzt einen starken Jungen, der mir hilft, mit dem Spaten ein Viereck aus dem Boden auszustechen. Danke, das hat ja prima geklappt. Nun haben wir auf diesem Spaten ein gutes Stück Erde liegen. Schaut es euch mal ganz genau an, fasst es an, riecht dran. Na, wie ist es?« Alle schnuppern. »Neulich hat mir ein Junge gesagt, das rieche ekelhaft. Und ein Mädchen hat gesagt, es stinke. Ist das so?« Dann kommt ein vielstimmiges Nein. Und wenig später ein »Oh!«, wenn sich die ersten Regenwürmer zeigen. Die wichtigen Tiere. Ich erkläre, was Regenwürmer in der Erde tun und warum sie so immens wichtig sind. »Und jetzt erzähl ich euch was ganz Unglaubliches. Boden, das, was ihr hier seht, ist voller Leben. In einer Handvoll guten Mutterbodens sind mehr Kleinlebewesen enthalten, als Menschen auf der Erde leben. Wie viele Menschen leben auf der Erde? Über sieben … wer weiß es …?«

»Millionen!«

»Nein, über sieben Milliarden Menschen. Eine Milliarde, das sind Tausend Millionen. Und diese unzählig vielen Kleinlebewesen sorgen dafür, dass der Boden lebendig, dass er fruchtbar bleibt. Und ich möchte, dass wir uns hier versprechen, nicht mehr achtlos auf dem Boden herumzutrampeln und aufzupassen, dass kein Abfall und keine Chemie hineinkommen. Versprochen? Erzählt das bitte Papa, Mama, Oma und Opa, die wissen das nämlich auch nicht, das mit dem Wunder des Bodenlebens.«

Kapitel 5

Ein schmerzliches NEIN

„Wo immer
etwas falsch ist,
ist es zu groß."

Leopold Kohr

Irgendwo habe ich diese Geschichte vom alten Schreinermeister gelesen, eine Geschichte, die mir nahegeht. Leider habe ich den Autor vergessen, ich würde sie gerne noch einmal nachlesen. Die Geschichte ging, kurz zusammengefasst, so:

Eines Wintertages, wohl eines Tages im 19. Jahrhundert, ging die Werkstatttür eines Schreiners auf. Mit einem kalten Windstoß trat der Sohn des alten Meisters ein. Er kehrte von einer zweijährigen Gesellenwanderschaft zurück. Der Alte erhob sich, sprach kein Wort, umarmte den Sohn, drückte ihm einen großen Hobel in die Hand und sagte: »Zeit wird's.«

Da sah der heimkehrende Sohn, dass sein Vater vor Schwäche zitterte. Allein auf ihn, den Heimkehrer, zuzugehen, um ihn zu umarmen, musste den Alten Kraft gekostet haben, die er nicht mehr hatte. Wenig später, bei einem schlichten Willkommensmahl, der Vater aß von der Mutter unterstützt, fragte der Sohn den Vater, wie er denn bei dieser Schwäche noch hätte arbeiten können. »Weil ich wusste, dass du kommst und weitermachst.«

So etwas nennt man wohl eine anrührende Geschichte. Und wenn sie schlecht aufgeschrieben oder erzählt wird, eine rührselige. Was mich berührt hat, war der biografische Bezug: *Familienbetrieb, Werkstatt eines Handwerkers.* Die Kinder machen da weiter, wo die Eltern aufhören. Eine schöne, eine stärkende Gewissheit.

War es nicht auch bei uns so? Mein Großvater, der Begründer unseres Metzgerunternehmens, wusste, dass sein Sohn weitermachen wird. Sein Sohn, also mein Vater, wusste, dass ich den Betrieb weiterführen werde. Und ich war mir, ohne dass groß darüber gesprochen wurde, lange sicher, dass meine Kinder eines Tages an meiner Stelle … Aber es kam anders.

Und was dieses »NEIN« meiner Kinder damals bedeutete, kann ich mir und anderen nur vorstellen, wenn ich etwas weiter zurückblicke. Was war das eigentlich: ein Familienbetrieb?

*

Begonnen hatte alles mit einem Fehlschlag. Mein Großvater, Metzgermeister Ludwig Schweisfurth, und seine junge Ehefrau Minna hielten es 1897 für eine gute Idee, ein Feinkostgeschäft zu eröffnen. Vor Weihnachten, denn da sitzt das Geld etwas lockerer. In Herten! Dem Städtchen der »Pohlbürger« – so bezeichnet man in Westfalen Bürger, die seit vielen Generationen in einem Ort leben – und der Kumpels. Das waren teils Bauern und Bürger, zu erheblichen Teilen aber auch eingewanderte Bergarbeiter aus Polen und Tschechien. Letztere sprachen schlecht, manchmal kaum Deutsch, und es war undenkbar, dass ihnen so etwas wie »luftgetrockneter Schinken« oder »Pastete mit gerösteten Walnüssen« über die Lippen gekommen wäre. Und wenn sie von »Feinkost« überhaupt etwas wussten, dann, dass es in Läden, die so hießen, für viel Geld wenig zu essen gab.

Wie hoffnungslos fehl am Platz so ein Geschäft war, zeigt ein Preisvergleich. Ein Kilo Speck kostete damals ebenso viel wie ein Kilo mageres Fleisch: Speck war begehrt, denn unter Tage brauchte man »Knöv« (Kraft). Mageres, hochwertiges Fleisch ist heute um ein Vielfaches teurer als Speck und Fett, zumal Fett von Tieren als einer der Auslöser von Herzinfarkt gilt.

Zum Glück kam der Misserfolg schnell, fast genau einen Monat nach Eröffnung schloss das Geschäft sehr hart am Rande eines Konkurses. Das bisschen Geld, das noch übrig war, steckten Ludwig und Minna in einen kleinen Leiterwagen. Für ein Pferd reichte es nicht, ein Bernhardiner zog an der Deichsel. Mit diesem

Gespann rumpelte mein Großvater durch die Bergarbeitersiedlungen. Das war keine dumme Idee, denn die Frauen der Kumpels schätzten schon bald die Direktbelieferung.

Vor Tau und Tag war mein Großvater mit demselben Gespann in die Polen- oder Baltensiedlung gefahren, in der Schweine gemästet wurden – als Abfallverwerter dessen, was an Küchenabfällen übrig blieb. Er holte ein Schwein, schlachtete in den frühen Morgenstunden und war wenig später mit schlachtwarmen Würsten, Schnitzeln und Koteletts unterwegs zurück in die Siedlung.

Gäbe es den Bollerwagen noch, er wäre sicherlich *die* Ikone der Herrmannsdorfer Landwerkstätten – dem Ort, an dem heute viele gute alte Fleischertraditionen belebt und weiterentwickelt werden.

Ich bin sicher, dass viele groß gewordene Betriebe und Firmen solche Gründungsgeschichten haben. »Aus bescheidenen Anfängen ...«, so steht es dann in den Firmenchroniken. Aber mehr noch als der spartanische Beginn wundert mich, mit welcher Rasanz sich Großvaters Metzgergeschäft entwickelte. Die Schweisfurths waren als Erste im Ort voll elektrifiziert, und schon sehr bald wurden Autos und nicht Pferdefuhrwerke beladen. Die ersten Jahre des neuen Jahrhunderts, des 20., waren Zeiten stetigen Wachstums.

Die Schweisfurths wurden schnell wohlhabend. Und es wäre spannend, zu ergründen, wieso es meine Großeltern schafften und andere Betriebe mit vergleichbaren Startbedingungen nicht. Ich vermute, es ist eben doch zu einem guten Teil das sogenannte ›Humankapital‹, das den Unterschied macht. Da war meine Großmutter Minna, die penibel und exakt kalkulieren konnte und die die natürliche Gabe hatte, mit Menschen freundlich aber dennoch bestimmt umgehen zu können. Und da war ihr Mann Ludwig,

Das erste Metzgereigeschäft der Familie Schweisfurth in Herten,
Anfang des 20. Jahrhunderts.

Erste Schlachtstätte der Firma Schweisfurth in Herten,
Anfang des 20. Jahrhunderts.

der Chef über allem, der kreativ, qualitätsbewusst und weitsichtig zu Werke ging. Und: Glück wird auch dabei gewesen sein. Es reicht ja nicht, dass einem das Richtige auf- und einfällt, es muss auch zum richtigen Zeitpunkt geschehen. Und dass der Zeitpunkt punktgenau erkannt wird, hat nicht zu knapp mit Dusel zu tun. Jedenfalls waren die Schweisfurths spätestens ab 1910 nicht mehr nur wohlhabend, sondern – nach damaligen Maßstäben gemessen – reich.

Reichtum muss nicht zwangsläufig den Charakter verderben. In meiner frühen Erinnerung und in Familienerzählungen lebt Großvater Ludwig immer als der Prototyp des klugen Zupackers und Machers. Ein Bild allerdings mit einem kleinen Riss. Irgendwann, es wird so um die Jahre 1911/12 gewesen sein, beschloss Großvater Ludwig, zu privatisieren und Rentier zu werden. Das galt damals durchaus als Beruf. Karl Marx nannte diejenigen, die von ihrem Vermögen leben, »Couponschneider«: leistungslose Gewinnbezieher. Was es im Falle meines privatisierenden Großvaters nicht so ganz trifft; seine Leistung war ja vorgängig.

Großvater verpachtete also seinen gut gehenden Betrieb, nahm seine Frau Minna an den Arm und zog in die Großstadt nach Essen. Und ganz offensichtlich hatte er eine gewisse Begabung zum sorglosen Leben im Wohlstand, jedenfalls lebte er, ohne vorbereitendes Training in Herten gehabt zu haben, alles aus, was reichen Müßiggängern damals so in den Sinn kam: Jagd, Trabrennbahn, Wirtshausgelage. Und es soll – über Andeutungen geht die interne Familienchronik in diesem Punkt nicht hinaus – um ihn herum auch Damen gegeben haben, die professionell auf die Erotik des Geldes reagieren konnten.

Großmutter missfiel das alles gründlich. Und sie wusste, wo sie den Metzgermeister Ludwig Schweisfurth an seiner empfindlichsten Stelle packen konnte. Er war ja durchaus noch stolz auf das, was man in Herten auf die Beine gestellt hatte. Sie erzählte ihm, was sie alles an Schlechtigkeiten über den Pächter »unseres Betriebs« gehört hatte. Und sie tat das wohldosiert. Heute würde man sagen, sie nervte nicht, sie zupfte. Sie begann mit kleinen Ungereimtheiten und schob dann Schwergewichtiges nach wie »Der ruiniert unseren guten Namen« oder »Der wirtschaftet alles auf Null und darunter«.

Ich weiß nicht, was genau den Ausschlag gab. Jedenfalls nahmen Ludwig und Minna ihren Betrieb wieder selbst in die Hand. Zeitig genug, um ihn durch die schwierigen Zeiten des Ersten Weltkrieges und der großen Knappheit ab 1919 steuern zu können. Es gab Einbrüche, aber keinen Zusammenbruch.

Das Verhältnis zwischen dem alten Ludwig Schweisfurth und seinem Sohn Karl, meinem Vater, war kein besonders gutes. Die beiden waren grundverschieden. Der Großvater war autoritär mit einer stark ausgeprägten Schwäche fürs Wohlleben. Sein Sohn, hierin wohl ganz von seiner Mutter geprägt, war strebsam und hatte etwas schwer zu Beschreibendes: eine Art »Verantwortungsethos«. Etwas, das für den alten Schweisfurth, der sich dem eigenen Erfolg, aber nie Menschen verpflichtet fühlte, eher »Schlappheit« war. Er hielt seinen Sohn für einen ungeeigneten Nachfolger, und es gab ja, was er durchaus auch laut sagte, leider keine personelle Alternative.

Wunderbarerweise irrte sich Ludwig, der sich ansonsten, wenn es ums Geschäft ging, selten täuschte, in dieser zentralen Frage gründlich. Sohn Karl, der den Betrieb 1924 offiziell übernahm, war eine Traumbesetzung. Und das Defizit seines Vaters – dessen Unvermögen zudem, was man heute kluge Menschenführung nennt – gab es bei Sohn Karl nicht. Ganz im Gegenteil. Es entwickelte sich so etwas wie ein inoffizielles, aber real existierendes Führungs-Trio: Mein Vater war sicherlich die Hauptsäule dieser Dreiecks-Hausmacht, flankiert von seiner klugen, jungen Frau Erna und meiner erfahrenen Großmutter, die ja nie aufgehört hatte, an ihren »ungeeigneten« Sohn zu glauben.

Über meine Großmutter kursiert noch heute eine wunderschöne Geschichte im Familienverband. Immer, wenn eine neue Verkäuferin gesucht wurde, lud sie die jeweilige Kandidatin zum Essen ein, und die Bewerberin durfte – nein, sie musste – an der Familientafel Platz nehmen. Aß die Bewerberin schnell, wurde sie eingestellt. Aß sie langsam, war sie durchgefallen. Die Begründung lag in der Volksweisheit »So wie man isst, so schafft man«, oder westfälisch: »Wie die Backen, so die Hacken«.

Und für meinen Vater Karl zahlte sich seine Fähigkeit aus, Menschen einschätzen und bewegen zu können. Es gab da nämlich ein Risiko auf zwei Beinen: seine Schwester, meine Tante, genannt »die flotte Alwine«.

Ihr gehörte die Hälfte des Betriebs. Und ihr einigermaßen legendärer Ruf als Wandelstern der Berliner »Saus-und-Braus-Gesellschaft« hatte sein finanzielles Fundament in Herten. Sie ließ sich von ihrem Bruder auszahlen (übrigens ermuntert von ihrem Vater: »Der Junge kann es nicht.«) und freute sich eine kleine Weile. Sie grämte sich über diese Dummheit bis ins hohe Alter. Ihr Bruder, mein Vater, hatte sich für einen überschaubaren Batzen Reichsmark die alleinige Verfügungsgewalt über ein wachsendes Imperium erkauft. »Imperium« ist wohl nicht ganz das richtige Wort, es war eher ein lokales Fürstentum mit Nebenresidenzen in der Umgebung. Fleisch, Schweisfurth und Herten – das waren Begriffe, die zusammengehörten.

Vieles war damals grundsätzlich anders. Man kann das am ehesten am Stand der Technik festmachen: Es gab zum Beispiel kaum vernünftige Kühlung. Die Tiere wurden vom Bauern gebracht, geschlachtet und schlachtwarm zerlegt. Man hängte die Stücke, die als Braten oder Suppenfleisch verkauft werden sollten, zum Kühlen in einen gut gelüfteten Raum. Die Fleischteile wurden in guter, kühler Luft und am Knochen abgehangen, so dass sie zart und reif wurden. Heute nennt man das »dry aged«. Die Schinken und das magere Fleisch wurden sofort verarbeitet.

Das Hauptnahrungsmittel der Bergleute war die berühmte *Fleischwurst im Ring*, mit oder ohne Knoblauch. Und diese sehr beliebte Wurst – südlich des Mains heißt sie Lyoner – wurde aus noch schlachtwarmem Fleisch gemacht.

Ich, Jahrgang 1930, kann mich noch erinnern, wie die ersten Linde-Kältekompressoren in die Werkstatt geliefert wurden. Das war damals die Spitze des Fortschritts und brachte in der Tat bequemere Möglichkeiten der Fleischverwertung mit sich. Schon Ende der 20er Jahre hatte mein Vater angefangen, Filialen im Umland aufzubauen, im Süden von Herten, in Wanne-Eickel, Wattenscheid, Bochum, Herne und Gelsenkirchen. Meine Mutter war für diese Filialen zuständig. Meine drei Geschwister und ich sahen sie manchmal tagelang nicht. Immer gab es eine Tante Ilse und viel Personal, die sich auch um uns Kinder kümmerten und uns bekochten.

*

Mein Vater hatte etwas begriffen, das im ersten Drittel des 20. Jahrhunderts keineswegs zum Standardwissen der Betriebsführung gehörte: Zufriedene Menschen vollbringen mehr als nur mäßig zufriedene oder gar unzufriedene.

Die ersten
Gehversuche,
geführt von Großvater
und Vater.

Ich erinnere mich: Wenn wir in den 50er oder 60er Jahren eine
Fabrik übernommen hatten, bestand seine erste Maßnahme darin,
besonders gute und schöne Sozialräume für die Mitarbeiter einzu-
richten. Oft zum Leidwesen der Direktoren, die zuerst moderne
Maschinen anschaffen wollten.

Meine Kinderjahre waren die 30er. Es waren die Jahre, in denen aus der handwerklichen Metzgerei immer mehr eine große
Konservenfabrik wurde. Und es gab einen Schub besonderer Art.
Wir produzierten Fleischkonserven fürs Militär. Schweinefleisch
und Rindfleisch im eigenen Saft und die berühmte »Eiserne Portion« für die Rucksäcke der Soldaten. Ich erinnere mich an Riesen-

stapel mit Dosen, alles wurde von Hand gemacht. Das Eindosen und Verschließen, das Einölen und Etikettieren war überwiegend Frauenarbeit. Der Betrieb wuchs. Und mein Vater hatte für die damalige Zeit sehr ungewöhnliche und schöne Speise- und Umkleideräume für die Mitarbeiter bauen lassen. Ihr Wohl lag ihm immer sehr am Herzen.

Mitte der 30er Jahre wurde das Unternehmen ausgezeichnet als »Nationalsozialistischer Musterbetrieb«. Im Krieg wurde die Produktion von Konserven für die Wehrmacht noch einmal stark ausgeweitet. Es gab nicht mehr genügend deutsche Mitarbeiter. Die meisten Männer waren eingezogen, die Frauen mussten ihre Arbeit übernehmen. Jetzt kamen in unseren Betrieb Frauen aus Russland. Ich erinnere mich, dass sie »Fremdarbeiterinnen« genannt wurden. Für mich – beim Überfall Hitlers auf Polen war ich neun Jahre alt – ein merkwürdiges Wort. Ich weiß natürlich heute, dass diese Frauen gezwungenermaßen bei uns arbeiteten, und ich vermute, dass mein Vater – auch wenn er gewollte hätte – nicht die Chance gehabt hätte, diese gedungene Arbeit abzulehnen. Wir waren ein »kriegswichtiger Betrieb«, und die Produktion musste aufrechterhalten werden.

Meine Mutter und meine Tante Ilse kümmerten sich sehr um diese Frauen. Ihr schlimmes Schicksal war ihnen bewusst. Sie taten alles, um die Schlafräume, die Aufenthaltsräume, Küche und Speiseräume so gut wie möglich und schön zu gestalten. Meine Mutter sorgte auch dafür, dass es den Umständen entsprechend gutes Essen gab. Das war in einer Fleischwarenfabrik sicher leichter möglich als anderswo. Sie tat das wohl auch aus christlicher Verantwortung. Meine Mutter stammte aus dem Tecklenburger Land, wo das Gedankengut puritanisch ausgerichteter Protestanten noch sehr tief verankert war. Ich erinnere mich, dass meine Mutter Ärger mit der Partei bekam, weil sie sich nach deren Vorstellungen zu sehr um das Wohlergehen der Frauen kümmerte.

Auf den Hertener Zechen mussten, schon bald nach dem Überfall Hitler-Deutschlands auf die Sowjetunion, russische Kriegsgefangene Kohle fördern. Deutsche Männer jungen und mittleren Alters gab es daheim nicht mehr, sie lagen in Schützengräben einige Tausend Kilometer entfernt oder steckten irgendwo in Europa die Welt in Brand. An dunklen Wochenendabenden trafen sich die russischen Zwangsarbeiter aus den Bergwerken mit den russischen Frauen aus unserer Fabrik. Kinder kamen zur Welt, und es gab eine Kinderstube. Die Mütter waren für einige Zeit von der Arbeit freigestellt.

Mir wurde berichtet, dass sich die russischen Frauen beim Einmarsch der Amerikaner schützend vor meinen Vater und meine Mutter stellten und sagten: »Chef gut!« Der Betrieb wurde von den Amerikanern unter Treuhand gestellt, mein Vater durfte ihn nicht betreten. Ungewohnt für uns, ihn den ganzen Tag über zu Hause zu haben. Aber gut für mich. Auf langen Spaziergängen im Hertener Schlosspark gab es Gespräche, nachdenkliche und anregende, die ohne diese Zwangspause nicht möglich gewesen wären. Gedanken, an die ich mich später oft erinnerte. Nach einem halben Jahr war das Entnazifizierungsverfahren beendet, und mein Vater als »Mitläufer« eingestuft. Er war in der Tat Mitläufer, wie viele seiner Generation.

Ein paar Jahre später, wir hatten wieder den ersten Geschichtsunterricht im Gymnasium, wurde mir der volle Umfang der grausamen Verbrechen, die die Nazis den Juden und Andersdenkenden angetan hatten, langsam bekannt. Ich fragte meinen Vater: »Vater, was hast du gewusst? Und was hast du getan?«

Stille, Schweigen … an die Länge der Pause erinnere ich mich noch heute sehr genau. Und dann die Antwort, ich kann sie so ungefähr aus der Erinnerung zitieren: »Ja, Junge, wir alle haben gewusst, was geschah, wir wussten, dass es Konzentrationslager gab. Wir ahnten, dass da Menschen unter unwürdigen Bedingungen zusammengepfercht waren. Aber wir wussten nicht genau, was da drinnen geschah. Und wir wussten nichts von den Gaskammern. Und deine Frage, was ich getan habe: Nichts, ich hatte Angst. Um mich, deine Mutter, dich und deine Geschwister. Alle hatten damals Angst, schreckliche Angst. Ein falsches Wort und du warst dran.« Diese Antwort musste ich wohl akzeptieren. Wir haben nie wieder darüber gesprochen.

*

Auch ich bin gefragt worden: »Was hast du getan, was tust du?« Allerdings bezog sich diese Frage – die Frage *meiner* Kinder – nicht auf die 30er und 40er Jahre und auf die absolut unvergleichbaren Verbrechen der Nazis, sondern auf etwas, das mir lange normal, ja ehrenwert erschienen war: auf Nahrungsmittelproduktion.

In den Jahren, in denen ich an der Spitze von *Herta* stand, wurde der Betrieb zum Fleischgiganten. Zum europäischen Marktführer. Seltsam jedoch: Es waren Jahre, in denen ich trotz aller Hektik und Höhenflüge – davon sehr viele im Flugzeug – im Bewusstsein lebte, einen Familienbetrieb zu führen. Ich war überzeugt, dass meine Kinder weitermachen würden. Einer meiner beiden Söhne oder beide oder die Tochter. Oder gerne auch alle zusammen im familiären Miteinander.

Es lief ja alles nach Plan. Um 1980 beschäftigten wir rund 5500 Menschen in zehn Fabriken in mehreren Ländern Europas und hatten einen Jahresumsatz von 1,5 Milliarden Mark. All das würden meine Kinder weitertragen. Anders vielleicht. Aber keinesfalls *total* anders. Denn die Regeln fürs Steuern von Supertankern mussten ja nicht neu erfunden werden, wenn der alte Kapitän die Brücke räumt und Jüngere übernehmen. Davon war ich überzeugt.

Bis zum großen NEIN war es ein langer Weg mit vielen heftigen Diskussionen.

*

Aber es war nicht nur das Nein als solches, das mich erschütterte. Zumal es sich bei meinen beiden Söhnen, Karl und Georg (Tochter Anne war damals noch im Kleinmädchenalter), ja längst schon angedeutet und stetig gefestigt hatte. Mich bewegten schließlich – die Negativantwort auf die dynastische Frage der Nachfolge hatte ich zu dem Zeitpunkt schon verdaut – Fragen mit sehr harten Kanten, die mir mein Sohn Karl stellte: Wohin sollte denn diese durchmaschinisierte Fleischproduktion führen? Zu noch größeren Schlachthäusern, zu noch enger getakteten Stichen in die Hauptschlagader, zu noch mehr Fleischbergen, deren Produktion die Böden belastet und die menschliche Gesundheit bedroht? Derjenige, der so fragte, war mein Sohn, der zu diesem Zeitpunkt schon beschlossen hatte, Bauer zu werden. Bauer! Nicht Imperien-Bauer, sondern Landwirt. Zuerst ahnte ich es nur, doch dann war es sonnenklar: Die Kinder halten mir einen Spiegel vor die Nase. Wie lebe ich eigentlich, was mache ich da? Bei aller Hetze, beim »immer größer, immer schneller, immer mehr«? Klick, da war die Kernbotschaft: Ich bin in diesem Spiel um das große Glück des wirtschaftlichen Erfolgs gleichzeitig Jäger und Gejagter. Und dann fiel dieser Satz: »Vater, du weißt doch gar nicht mehr, wie es da draußen zugeht!«

Ich wurde laut. Verdammt noch mal, natürlich wusste ich das! Wie hätte ich *Herta* zu einer Erfolgsmarke machen können, ohne zu wissen, was »da draußen« passiert? Und was sollte eigentlich »da draußen« heißen?

Karl blieb ruhig: »Du weißt, wie viel welche Lieferanten zu welchen Preisen wann liefern. Aber weißt du auch *WIE?*«

»Was meinst du mit *WIE?*«

»Wie es da zugeht. In den Schweinemastanlagen zum Beispiel.«

Ich wurde noch etwas lauter: »Natürlich weiß ich das!« Das war nicht ganz falsch. Aber auch nicht ganz richtig. Ich weiß noch, dass ich schlecht schlief nach diesem Gespräch, das nur eines von vielen ähnlichen war und doch ein besonderes, und dass ich schon vor dem Morgengrauen, mehr aufgekratzt als ausgeschlafen, das Bett verlassen habe. Wie war das noch gleich, gestern Abend: Ich wüsste angeblich nicht, was da draußen geschieht? Karls Zwillingsbruder Georg war zu diesem Zeitpunkt in einem Internat und nahm nur gelegentlich an den Streitgesprächen teil. Ich, damals die Einmannspitze von *Herta*, wüsste angeblich nicht mehr, wie es da draußen zugeht …

Ich blätterte in meinem Terminkalender. Ja, es stimmte schon irgendwie, was Sohn Karl gesagt hatte: »Vater, du bist ein Notfall, ein Termin-Notfall.« Schließlich fand ich nach einigem Hin-und-Her-Gesuche einen Termin in Osnabrück mit kleiner, direkt anschließender Lücke. Von Osnabrück ist es ja doch nur eine knappe Fahrstunde zu … wie hieß der Mann noch gleich, den mir der Einkaufschef von *Herta* Artland genannt hatte?

*

Auf der Fahrt vom Konferenzraum eines Osnabrücker Hotels nordwärts zu meinem Besichtigungstermin entspannte ich mich. Im Grunde wusste ich ja, was es da zu sehen geben würde. Oder etwa doch nicht? Der Besuch war ein wenig Pflicht: Ich wollte meinen Kindern nicht sagen: »Ich weiß Bescheid«, ohne vorher genaue Eindrücke und Beobachtungen gesammelt zu haben.

Die letzte Aprilwoche bereitete dem Mai eine wunderbare Ouvertüre, es war mildwarm, und die Zweige zeigten schon mehr als nur grünen Schimmer. Ich konnte im Fond des großen Citroën – welch ein wunderbarer Gleiter das war – ausruhen, während mein Fahrer, Werner Schneider, chauffierte. Durch die Windschutzscheibe lachte mich ein hoher Himmel an, beidseits der Straße Grünland. Und der eingeschobene Termin würde keine Hochkonzentration von mir fordern, keine Entscheidungen. Nur schauen, etwas reden vielleicht. Ich ließ die Scheibe ein Stück weit herab, etwas Frühlingsluft täte jetzt gut, ich hatte in den Tagen zuvor mal wieder zu viel gefilterte Konferenzraumluft geatmet.

Und dann bekam ich diesen Schlag ins Gesicht, der fast dazu führte, dass ich meinen Fahrer panisch aufgefordert hätte, das übel stinkende Gebiet per Vollgas zu verlassen. Bestialischer Gestank! Ein brutal-gemeiner Dunst drängte in den Fahrerraum. Aber dies war ja eine Erkundungsfahrt, die ich schlecht abbrechen konnte, ehe sie begonnen hatte. Ich riss mich zusammen.

Ich ließ in einer Feldwegeinmündung parken, stieg aus und zwang mich, flach zu atmen. Der Güllegeruch war von hoher Intensität und erbarmungsloser Gemeinheit. Der Feldweg, auf dem wir parkten, lief auf einen Ortsrand zu; in der Ferne erkannte ich Häuser, Scheunen und einen Kirchturm. Konnten da Menschen leben? In diesem infernalischen Gestank, der sicherlich nicht nur ausnahmsweise über diesen Fluren hing.

Natürlich wusste ich, dass es im südwestlichen Niedersachsen mit seiner ausgeprägten Massentierhaltung von Schweinen und

Federvieh ein Gülleproblem gab. Tierkot, normalerweise ein guter Dünger, wird zur flüssigen Pest für Land, Wasser und Böden, wenn er in hoher Überdosis ausgebracht wird, wenn Felder sozusagen zu flächigen Latrinen werden. Und das Grünland – dafür musste man nur etwas genauer hinschauen – wich mehr und mehr großen Maisschlägen. Mais kann auch noch Güllekonzentrationen ertragen, die anderen Kulturpflanzen den Garaus machen. Und da Maissilage gutes Schweinefutter ist, baut sich ein Teufelskreis auf: Viele und immer noch mehr Schweine sorgen für viel und immer noch mehr Gülle. Und immer noch mehr Gülle führt dazu, dass lediglich Mais auf den Feldern den flüssigen Fäkalien standhalten kann.

Nicht allzu lange vor meiner Reise ins Südoldenburgische hatte ich einen Artikel gelesen, der mir nicht zuletzt wegen seines einprägsamen Titels in Erinnerung geblieben war: »*Ein Land bekommt den Schwedentrunk*«. Gemeint war damit das Land Südoldenburg und das bekommt einen Trunk aus Jauche, eingetrichtert in den aufgesperrten Schlund von Opfern. Eine Tortur, die schwedische Landsknechte im Dreißigjährigen Krieg angewendet hatten, um Gefangene gefügig oder zu Tode zu foltern. Kriegsopfer des *Weltkrieges gegen die Natur* sind unter anderen unsere Böden und unser Grundwasser. Opfer einer gigantischen Schweinerei. Die im Übrigen straffrei ist, weil qua Gesetz und Verordnung »ordentliche Landwirtschaft«.

Das Gülleproblem! Da muss man doch eine Lösung finden, sagte ich mir. Ja, ich sagte und dachte »man« und nicht »*ich*«. Ich hatte genug mit anderem zu tun. Ich wusste allerdings – es ließ sich zu dieser Zeit schon nicht mehr rückstandslos verdrängen –, dass ich Teil des Problems war. Ich war Schreibtischtäter, wenn ich im Hertener Großraumbüro neue Lieferverträge abzeichnete.

Herta funktionierte nur, weil es Landschaften gab wie dieses Südwest-Niedersachsen, wo Fleisch im ganz großen Stil wuchs und Kot die Lufthoheit innehatte.

In dem Osnabrücker Hotel, in dem ich die vorherige Nacht verbracht hatte, hatte ich mir eine Lokalzeitung aus dem Ständer an der Rezeption gegriffen. Mir war die Titelseite aufgefallen, eine schöne Segelschiff-Impression (ich bin passionierter Freizeitsegler): zwei Jollen hart am Wind. Und darüber die Schlagzeile: »Der Wind stinkt … und der Dümmer kippt!« Ich hatte die Zeitung ungelesen eingepackt, fingerte sie nun von der hinteren Ablage meines Wagens, hockte mich wieder ins Auto und las.

Naturschützer, Wasserexperten und ein Segelverein, dessen Boote den niedersächsischen Flachsee Dümmer befahren, wandten sich energisch an ihre Landesregierung: Sie müsse die Gülleflut stoppen, die aus dem Umland – teils illegal, teils im Rahmen der legalen, normalen Landwirtschaft – in das sensible Gewässer schwappt. Dazu wurde der niedersächsische Landwirtschaftsminister Gerhard Glup zitiert, von dem bekannt war, dass er selbst im großen Stil Fleischproduktion betrieb und Naturschutzauflagen mit Verachtung strafte. Er sagte (ich erinnere mich nicht mehr an Inhalt oder gar Wortlaut, aber ich vermute, er sagte ungefähr Folgendes): Ja, es gäbe da ein Problem, und die Landesregierung sei bemüht … mit Augenmaß und Vernunft … Aber man dürfe nicht verkennen, wie viele Arbeitsplätze im Südoldenburgischen davon abhängen, dass … und so weiter. Ich warf die Zeitung auf die Hutablage. Mein Segelrevier war die Ägäis, nicht der Dümmer. Aber wäre es der Dümmer, würde es mir ganz schön stinken, wenn das Wasser unter mir zum toten Binnenmeer vergammelte.

Zum Hof, den mir die Artland-Leute genannt hatten, war es nicht mehr weit. Hier stank es nicht. Vermutlich hatte der Mäster die Möglichkeiten, »seinen« Gülleregen dort niedergehen zu lassen, wo er ihn nicht riechen musste. Die Auffahrt zum Wohntrakt war mit Kies ausgestreut, weißem Kies. Es gab Peitschenleuchten, die aus rechteckig geschnittenem Buchsbaum aufragten. Und einen zweckfreien Kunstschmiedezaun, der mit seinen mit Goldbronze bemalten Rosetten nach nichts aussah außer nach viel Geld. Der landesübliche Rhododendron säumte einen Teich, der ein wenig an die Wasserzüge erinnerte, wie sie von Golfplatzdesignern gerne in die Greens eingepasst werden. Der Wohntrakt stach ins Auge … »stach«, weil es wehtat. Ich bin keineswegs der Meinung, norddeutsche Landwirte hätten gefälligst unter Stroh und zwischen Fachwerkwänden zu wohnen. Aber dieser Landhaus-Bungalow war die Karikatur der Moderne. Eine Stadtvilla von der Stange, ins Ländliche versetzt, sehr kantig, schuhkartonartig … und horrend unproportioniert.

Ich schaute auf meine Armbanduhr – perfekt, auf die Minute pünktlich, so mag ich das – und klingelte. Ein, dem Bellton nach zu urteilen, großer Hund schlug an und verwehrte mir den Eintritt, als die Tür aufging. Er wurde am Halsband ein paar Meter ins Haus zurückgezogen, und kaum, dass das geschehen war, streckte sich mir eine ziemlich große Hand entgegen. Die Hand steckte in einem Ärmel, und der Ärmel gehörte zu einem dieser Golfjackets, in die ich nie geschlüpft bin, auch dann nicht, wenn es sich nicht vermeiden ließ, Geschäftsgespräche in ein Golfclubhaus zu verlegen. Den Gastgeber umgab Alkoholgeruch wie ein lästiger Fliegenschwarm. Der Golf-Schweinemäster musste bemerkt haben, dass ich es wahrgenommen hatte, und sprach von »… verdammt lange Nacht, gestern, … Jahresturnier … sogar mein Handicap verbessert … wenn nur nicht dieser viel zu breite, verfluchte Bunker bei Loch 14 gewesen wäre …«. Und so weiter. An meinem absolut nichtssagenden Kopfnicken erkannte er, dass ich weder was von Golf verstehe noch mit Golf-Smalltalk zu beeindrucken war. Und um weiteres Vorgeplänkel abzukürzen, griff ich neben den Computer. Da lag ein aufgeschlagenes Blatt, das ich am Layout erkannte: »Fachinformationen für Geflügelzucht und Schweinemast«.

»Ich sehe, Sie halten sich auf dem Laufenden«, sagte ich.

»Man tut, was man kann«, sagte der Golfer und bot – nach einem holperigen Kurzvortrag über ungünstige Wetterlagen im Südoldenburgischen – an, mir die Ställe zu zeigen. Er hatte drei 1 000-Schweine-Ställe. (Das war damals groß, heute gibt es Betriebe, in denen 60 000 Mastschweine gleichzeitig stehen.) An der Tür zum ersten, gut 150 Meter von der Villa entfernt, ermahnte er mich zu Ruhe und Konzentration: »Wenn uns jetzt die Tür ins Schloss fällt, liegen gleich ein paar Tote in den Buchten.«

Es war duster. Ein entsetzlicher Ammoniakgestank schlug uns entgegen. In kürzester Zeit hatte ich Tränen in den Augen. Die Tiere standen in engen Boxen auf Spaltenböden. Er sei einer der Ersten, der sie eingeführt habe, diese Spaltenböden, sagte der Golfer. Eine gewaltige Ersparnis an Arbeitszeit sei das: Die Exkremente sickerten durch die Spalten und rutschten in darunter befindliche Auffangbecken. »Entmisten entfällt.«

Kein Stroh wie sonst üblich. Eine Sau schnappte in merkwürdig stereotyper Bewegung nach dem Ringelschwanz der Nachbarin, die nicht ausweichen konnte. Mir war zum Heulen zumute, diese Kreatur stand da und stand ein kurzes, qualvolles Leben durch. Bis zum ruppigen Abtransport in ein hoffentlich nicht allzu weit entferntes Schlachthaus. Die traurigen Augen der Tiere vergesse ich nicht. Sie sagten: Was tut ihr uns an?

An der Rückseite des Stalles türmte sich ein Haufen aus Hähnchenköpfen. Was damit geschehe, wollte ich wissen. Das werde verfüttert, war die Antwort: Hochwertiges Eiweiß, normalerweise werde es erst abgekocht, aber der Kochapparat sei gerade kaputt. Mir war flau. Und dabei hatte ich nichts gesehen, was ich nicht schon wusste ... oder richtiger: nichts, was ich nicht schon *prinzipiell* wusste. Aber die Wucht der Bilder und Gerüche schlug mir in den Solarplexus. Es ist etwas anderes, zu lesen und zu wissen, dass Peitschenschläge auf nackter Haut wehtun, als ausgepeitscht zu werden. Mein Gott, war mir flau!

Ich begann seit diesem Besuch in der Schweinehölle, mehr und öfter über das »Subjekt Schwein« nachzudenken, das Objekt unserer Begierde, das Opfer unserer Aktivitäten.

*

Wir haben das Schwein gründlich zur Sau gemacht. Und ich habe das Gefühl, hilfreich für uns Täter war und ist dabei, dass wir wenig über Schweine wissen wie auch über all unsere bäuerlichen Nutztiere. Was können, was sollten wir wissen?

(Haus-)Schweine leben wahrscheinlich schon seit 7 000 vor Christus an unserer Seite. Der in Südafrika geborene Biologe Lyall Watson (1939–2008), ein großer Anthropologe, Zoologe und Autor eines herausragenden Buches über Schweine *(The Whole Hog)*, nennt einen einleuchtenden Grund für unser mageres Schweinewissen: Dieses Nutztier hat es uns sehr leicht gemacht, sein Leben neben unserem zu organisieren. Das Schwein liefert vieles gebrauchsfertig an.

Schweine waren und sind schon von ihren natürlichen Veranlagungen her zur Gruppenhaltung tauglich: Wilde Schweine, die Ahnen heutiger Nutzschweine, leben sozial in Gruppen (Rotten).

Im Englischen heißt Rotte »sounder« (von *to sound*: erklingen, schallen, tönen), ein passender Hinweis auf die vielen »Stimmfühlungslaute«, mit denen Schweine ihre Gruppenstruktur aufrechterhalten. Einer wilden Rottenfamilie steht eine respektable Muttersau vor, die sich mit minimalistischen Gesten Respekt verschaffen kann. Meist reichen ihr ein kräftiger Grunzer und eine schubsende Kopfbewegung, um Unbotmäßige zurechtzuweisen. Junge männliche Schweine verlassen die Gruppe – freiwillig oder mit Anschubser durch die Rottenchefin –, um sogenannte Satellitengruppen (Halbstarken-Trupps) zu bilden. Die Stärksten innerhalb eines solchen Verbandes wagen es irgendwann, wenn die Hauptsau einer Weiberrotte rauschig, also paarungsbereit ist, den etablierten alten Befruchter herauszufordern und womöglich zu beerben. Dann geht es hart zur Sache. Ansonsten ersparen sich Schweine heftige Keilereien, allein schon deshalb, weil sie nicht ausgeprägt territorial sind. Wo es sich ganz gut leben lässt, bleiben sie, aber nur so lange, wie das Gebiet tauglich ist und genug abwirft.

Ein anderes Zeichen ihrer klugen Friedfertigkeit offenbart sich jedem, der Hausschweine mit Auslauf beobachtet. Die Hälfte eines Tag-Nacht-Zyklus verbringen sie in der Horizontalen, davon die Hälfte im Tiefschlaf. Ich habe den Schläfern oft zugeschaut. Nicht selten bekam ich das zu sehen, was Schlafforscher bei Menschen den »Rapid Eye Movement«-Schlaf nennen, ein Kennzeichen für Traumphasen. Die andere Hälfte ist eine Art Halbschlummer, wie man ihn auch von Katzen und Hunden kennt. Bei diesem Dösen sind Gehör (und wohl auch die Hochleistungsnase) nicht abgeschaltet; bei etwaigen Störungen oder Gefahren ist die Rotte wie auf einen Schlag hellwach.

Schweine schlafen gern zusammengekuschelt. Für uns wirkt das anrührend, für die Schweine ist es praktisch. Jedes Rottenschläfer-Schwein hat weniger Hautkontakt mit der kühleren Umwelt als ein Single-Schläfer. Wo der Nebenmann wärmend angrenzt, kann die Kälte nicht angreifen. Die Schweine gleichen so einen Nachteil aus: Ihre Anatomie lässt es nicht zu, sich Wärme sparend wie ein Fuchs oder eine Katze einzurollen. Sie behelfen sich im Heizungsverbund.

Das zweite schweinische Grundbedürfnis sind Kratz- und Scheuerpunkte. Der kurze, muskulöse Hals ist kaum biegsam, und mit der Schnauze reichen sie fast nirgendwohin, wo es juckt oder zwickt. Schweine helfen sich mit gegenseitiger Körperpflege und Scheuersteinen oder -pfählen.

Und zum guten Schweineleben gehören auch – drittes Grundbedürfnis – separate Toiletten. Jeder, der sich auch nur ein wenig mit Freilaufschweinen beschäftigt hat, weiß, dass sie ihre Latrinen nach Möglichkeit weit vom Schlafplatz entfernt anlegen. Und selbst noch in Stallhaltung, die dafür nur eng begrenzte Möglichkeiten bietet, trennen Schweine Bett und Abtritt.

Auch wenn wir übers Schwein noch immer nicht genug wissen, es reicht, um zu ahnen, was wir Schweinen antun, wenn sie ihre Toiletten nicht separat halten können, ja, wenn sie über ihren Toiletten und Spaltenböden schlafen müssen, den ätzenden Ammoniakgeruch in den hochempfindlichen Nasen. Und ein Schwein, das keinen Schweinsgalopp kennt, weiß nicht, dass es ein Schwein ist.

Womöglich noch übler spielen wir ihnen mit, wenn wir ihnen auch das Wühlen verwehren – ein viertes Grundbedürfnis. Das Normalschwein, das in einem halben Jahr zur sogenannten Schlachtreife gemästet wird, darf nur Fertigfuttermischungen aus dem Trog schlabbern. Das kann man, wenn man die tief im Schwein verankerte Wühlveranlagung bedenkt, nur Tierquälerei nennen. Wühlen ist wichtig. Schweinerüssel stehen mit ihrer Riechfähigkeit auch den feinen Hundenasen in nichts nach. (Kämen wir je auf die Idee, Hasso oder Fiffi beim Gassigehen das Schnuppern zu verwehren?) Die sensationellen Geruchsexplosionen, die sich ereignen, wenn Schweine die Schnauzen in die Erde drücken, gehören – da kann es keinen Zweifel geben – zum arteigentümlichen Schweineglück.

Ich habe mit Staunen gelernt: Schweine sind Erdtiere. Sie kauen und mahlen Erde nach Essbarem durch. Und Schweine, die ihre Gesichtsmuskeln, die für kräftige Kaubewegungen ausgelegt sind, nicht bewegen können, sind verdammt arme Schweine. Ich stelle mir Elefantenhaltung vor, die den Dickhäutern verbietet, ihre Rüssel zu benutzen. Oder Kaninchenhaltung mit Mümmelverbot. So muss man sich wohl das Wühlverbot für Schweine vorstellen, die auf Beton oder Spaltenböden vegetieren.

Wühlen und Picken: Herrmannsdorfer Weideschweine und Landhühner vereint bei ihrer Lieblingsbeschäftigung.

Es gibt neben diesem vierfachen Muss, das unabdingbar zur zumutbaren Schweinehaltung gehört, noch etwas anderes. Etwas Bedenkenswertes: Schweine sind intelligent. Lyall Watson schrieb in seinem letzten umfangreichen Buch: »Ich weiß von keinem anderen Tier, das ausdauernder neugierig wäre und so darauf aus ist, mehr aus neuen Erfahrungen zu machen. Und keines, das bereit wäre, die Welt mit so offenmäuligem Enthusiasmus zu begegnen. Schweine sind rettungslos optimistisch, und allein ihr Dasein gibt ihnen den gewissen Kick.«

Und ein anderer »Schweineversteher« soll gesagt haben: »Katzen schauen auf dich herab, Hunde zu dir auf und Schweine schauen dich an, von gleich zu gleich.« (Sir Winston Churchill) Ich hatte Hunde, ich lebte lange und lebe noch immer in der Nachbarschaft von Katzen. Und ich beobachte in Herrmannsdorf unsere Glücksschweine, die ein schweinemäßig gutes Leben führen. Und je mehr ich darüber nachdenke, finde ich: Churchill hat recht.

Was machen wir mit diesem Schweinenaturell? Wir unterdrücken es oder – äußerstenfalls – befriedigen es mit etwas aufgehängtem Spielzeug: Plastikkanistern und rostigen Ketten. Jämmerlich!

*

Damals, als ich von Ekel und Scham geschüttelt den Hof des golfenden Mästers verließ, wusste ich vieles noch nicht über den »Kosmos Schwein«. Aber man muss, sieht man ein Schwein apathisch auf seinen »beschissenen« paar Quadratmetern dahindämmern, nicht Verhaltensforscher und Tierethologe sein, um sich wie ein Verräter zu fühlen.

»Vater, du weißt doch gar nicht mehr, wie es da draußen zugeht!«, hatte mein Sohn Karl gesagt. Er wusste, dass ich mich zwischenzeitlich umgeschaut hatte. Er würde fragen. Was sollte ich ihm sagen?

Ich könnte sagen, dass die Begleitumstände unseres Gewerbes es leider mit sich bringen, dass … Ich könnte auch sagen: Es gäbe da schon in Dingsbums auf Versuchsbasis ein, zwei Musterbetriebe … und die gelte es künftig zu fördern: Mästereien, in denen man es zu verhindern wisse, dass sich Mastschweine die Schwänze abbeißen und die Nasen an Ammoniak verätzen … Oder ich könnte auch sagen, dass …

Ach was! Ich entschloss mich, nichts zu sagen, was ich mir selbst nicht glaubte. Nicht mehr.

Ich halte nichts davon, gelebtes Leben nach sogenannten Damaskus-Erlebnissen zu durchkämmen: Situationen, in denen man – so mag es einem rückblickend erscheinen – plötzlich und unwiderruflich in eine andere, in eine neue Richtung aufbrach. In Wirklichkeit, also im wirklich gelebten Leben, sind es meist Kurven, die mit leichter Krümmung beginnen und dann einen Scheitelpunkt erreichen. Und wenn ich nachrechne, waren es vom Besuch beim »Golf-Mäster« immerhin noch fünf Jahre, bis ich mit der Welt der Fleischmassen abschloss. Und mehr als drei Jahrzehnte, bis aus einem Metzgermeister und Ex-Fleischgroßindustriellen ein Fast-Vegetarier wurde. Ein Auswärts-Vegetarier.

Eine verdammt lange Inkubationszeit. Eine Zeit, in der mir immer deutlicher wurde, dass mit den Schweinen Grundsätzliches nicht mehr stimmte. Sie wirkten – der Besuch des Schweinemastbetriebs blieb nicht meine einzige »Realbegegnung« dieser Art – verhaltensgestört und nervös. Manche starben beim Transport an Herzinfarkt. Das Fleisch war von deutlich anderer Konsistenz als das Fleisch, das man bisher zwischen den Zähnen hatte. Für dieses Phänomen gab es ein Fachkürzel: PSE-Fleisch (pale, soft, exudativ) – blass, weich und wässrig.

Kunden reklamierten Koteletts, die in der Pfanne zu Winzlingsportionen zusammenschnurrten. Wir konnten bei *Herta* von diesen PSE-Schweinen keinen guten Schinken mehr fertigen. Ich erinnere mich an Qualitätskonferenzen, in denen Alarmstimmung aufkam. Aber am Ende stand stets der Hinweis, dass der Markt mit seinen Rationalisierungszwängen nun mal das Sagen hätte. Das Marktgesetz – so unmoralisch es in seinen Auswirkungen auf die Fleischqualität und aufs Tierleben auch sein mochte – verlangte: erstens billig, zweitens billig und drittens billig.

Bei den Rindern war es nicht besser. Die in Norddeutschland üblichen »Schwarzbunten« waren durch Einkreuzungen von amerikanischen »Holstein-Friesians« zu Rieseneutern auf Ständerbeinen aufgeblasen worden. Es war kaum noch brauchbares Fleisch an diesen Tieren. Und das wenige war allenfalls für Wurstfleisch oder Hamburger geeignet.

Eine Weile, vielleicht sogar eine lange Weile, kann man so viel um die Ohren haben, dass man nicht hört, was Vernunft, was Moral, was bessere Einsicht einem zurufen. Aber irgendwann hat man nur noch die Wahl: taub zu werden – an Ohr und Seele – oder das Gehörte zu bedenken und tätig zu werden. Im Januar 1984 fiel meine Entscheidung, aus der industriellen Fleischproduktion auszusteigen und neu, noch einmal ganz von vorne anzufangen.

Und dabei hatte ich ein ganz unglaubliches Glück. Meine Kinder waren mir – auf ihre Weise und auf ihren Wegen – ein Stück vorausgegangen. Hatte ich mich noch wenige Jahre zuvor irgendwie damit abgefunden, dass sie den Familienbetrieb nicht fortsetzen würden, fand ich sie jetzt plötzlich … vor und neben mir. Meine drei Kinder Karl, Georg und Anne machten, auf ihre Weise, aber im gleichen Geiste »Grünes«. Karl ist gelernter Bauer und diplomierter Agraringenieur und führt heute, gemeinsam mit seiner Frau Gudrun, die Herrmannsdorfer Landwerkstätten. Georg, gelernter Metzger und Volkswirt, führt das Lerngut Sonnenhausen, nahe Herrmannsdorf. Anne ist gelernte Bäckerin und Käserin; außerdem diplomierte Pädagogin mit Lebensschwerpunkt in Bremen – aber auch mit steuernder und planender Initiative für unser Herrmannsdorfer »Dorf für Kinder und Tiere«.

Ich war die dritte Generation *Handwerker/Unternehmer*. Meine Kinder Karl, Georg und Anne sind die vierte. Und zu meiner großen Freude ist auch schon die fünfte auf dem Weg. Enkel Max ist gelernter Koch und hat ein ökologisches Unternehmen für die Herstellung bayerischer Aperitivs gegründet. Enkelin Anna ist gelernte Schneiderin, der Chic und Schönheit wichtig sind, aber nicht minder die umweltverträgliche Beschaffenheit von Stoffen sowie faire Arbeits- und Handelsbedingungen. Vor ihrer kleinen Werkstatt hängt das Schild: »Hereinspaziert in meine Kleiderwerkstatt. Chemie und Sklavenarbeit müssen draußen bleiben!«

Was hätte denn passieren können? Was, wenn es dumm gelaufen wäre – dumm, aber entsprechend meinem damaligen Wunsch? Meine Kinder hätten (wenn sie denn gewollt hätten) ein Fleischimperium weiterführen können, das ich nur wenig später aus der Hand gab, weil es – so wie es sich darbot – unverantwortbar war. Sie wären dann da gewesen beziehungsweise geblieben, wo ich nicht mehr sein konnte und wollte. Weit weg.

Eine quälende Vorstellung! Nun findet sich der Familienclan – allesamt in der Wolle gefärbte Ökologen mit einem Tick für Schönheit und Werte – auf einem gemeinsamen Ufer wieder, das … auch wenn es vielleicht ein wenig pathetisch klingen mag … meiner Meinung nach das rettende ist.

Kapitel 6

Ein Fastentag in Marbella – oder »Esprit« heißt Witz

„Es gibt kein richtiges Leben im falschen."

Theodor W. Adorno

»Wenn ihr fastet, macht kein finsteres Gesicht wie die Heuchler. Sie geben sich ein trübseliges Aussehen, damit die Leute merken, dass sie fasten.« Heute würde man sagen, das sind die *Just-for-Show-* oder *Lifestyle-*Fastenden. Derjenige, der das vor rund 80 Generationen sagte, hatte einige Erfahrung mit dem Fasten: Erfahrung an Leib und Seele, wozu auch Fasten unter erschwerten Bedingungen gehörte, in der Wüste. Seine Empfehlung, nicht mit Trübsinnsgesicht zu fasten, verkündete er von einem Hügel herab, der in der Überlieferung zum Berg wurde *(Bergpredigt, Matthäus 6, 16)*.

Nicht nur Jesus, auch Buddha, Moses und Mohammed predigten und praktizierten das Fasten. Und auch in sehr unterschiedlichen Medizinkulturen spielt Fasten eine wichtige Rolle. Körper und Geist werden durch Essensverzicht gereinigt, heißt es. Man findet seine Mitte wieder. Mit dem Fasten geht es mir ein wenig wie mit der Kunst: Ich weiß nicht genau, was das ist, aber ich erlebe, was es mit mir macht. Und es ist gut, weil es mir guttut.

*

So ging es meiner Frau Dorothee und mir auch im Januar 1984, während unseres 14-tägigen jährlichen Fastens in der Stille von Marbella in Südspanien. Dabei hatte ich damals mit wenig Gutem gerechnet. Ich war aufgewühlt und von Problemen belastet in dieses Fasten gegangen. Es könnte mit diesem Fasten, so sagte ich mir vor Beginn, leicht so kommen, wie wenn man sich in den Nachtschlaf flüchten will und dann nicht schläft, weil man weiß, dass schon der kommende Morgen einem die Fragen des Vortages vor den Latz knallen wird. Es würde mich glatt umhauen nach diesem Fasten. Sollte ich überhaupt unter diesen Umständen?

Ich war 54 Jahre alt, und mir war elend. *Herta* hatte Probleme, die klassisch nur zu lösen waren, wenn wir weiter wuchsen, weiter rationalisierten, wenn wir billiger werden würden. Wir würden Fabriken stilllegen und die Produktion konzentrieren müssen. Angesagt war auch: unsere *Herta*-typische Vielfalt aufgeben und uns auf ein paar Renner spezialisieren. Der Rest vom Handwerkerethos – das Beste aus jedem Stückchen vom Tier zu machen – musste eiligst entsorgt werden. Das Beste sollte ab sofort ausschließlich das Profitabelste sein. Oder aber ... verkaufen? Es gab eine Hand voll ernsthafter Kaufinteressenten.

»*Herta*, wenn's um die Wurst geht« war unser erfolgreicher Slogan. Nun ging es für *Herta* um die Wurst. Aber es war nicht mehr die Wurst, die ich meinte. Nicht mehr die qualitativ bestmögliche. Und dann sagten mir Menschen, die sich verdammt gut auskannten im dem Metier, verlässliche, erprobte Ratgeber allesamt: »Lass doch die Frage, ob man eine bestimmte Wurst, ob man jene Pastete oder diesen unvergleichlichen Schinken noch besser machen kann! Wir müssen bessere Gewinnmargen erreichen. Und die erreichen wir nur, wenn ...«

Natürlich musste ich genau wissen, wo *Herta* stand. Wir hatten eine Analyse des renommierten Instituts *Boston Consulting* eingeholt, und die resultierenden Ratschläge fielen recht deutlich aus: Es ergäben sich, so sagte man uns klipp und klar, für Großhersteller unseres Schlages keineswegs Vorteile, wenn man am deutschen Markt *differenziert* vertreten sei – wir hatten damals 1 500 Wurst- und Schinkensorten im Angebot. Im Gegenteil, so ein Klein-Klein behindere die vollautomatische Fertigung großer Serien und Stückzahlen. Kostennachteile beseitigen, das sei ein Überlebensgebot. Also weniger Vielfalt, dafür billiger und mehr. *Herta*, das war klar wie eine gute Ochsenschwanzbrühe, würde entweder in Schulterschluss mit den Discountern und Großsortimentern gehen oder aus der ersten Liga absteigen.

Meine Kinder, die Einblick in all meine Quo-vadis-Überlegungen hatten, lebten zu diesem Zeitpunkt schon ein bescheidenes, umweltbewusstes Leben. Ich vermute, rückblickend und aus heutiger Sicht betrachtet: Wenn sie nicht von der jungen Ökologiebewegung der frühen 80er Jahre fasziniert und ergriffen gewesen wären, wären sie womöglich Kommunisten geworden – um weitestmöglich von »meiner Welt« abzurücken. So aber musste ich mich nicht mit ihnen über die *Akkumulation des Kapitals* oder die *Vergesellschaftung der Produktionsmittel* auseinandersetzen, sondern über Dinge, die mich sowieso umtrieben. Misshandlung zum Beispiel: unser Umgang mit Um- und Mitwelt. Was macht die Landwirtschaft? Produziert sie wirklich »Lebens-Mittel«, also Mittel zum Leben? Oder speist sie nur ab? Und war nicht das System »Tiere/Fleisch« ganz jämmerlich auf den Hund gekommen?

Es gab Tage, an denen ich fürchtete, mir würde der Schädel platzen. Zum einen brandeten Einsichten, Erkenntnisse und positive Emotionen an. Ahnungen von besseren Welten, die mich anzogen. Zum anderen war da dieser große Klops: zehn Fabriken, 5 500 Mitarbeiter, 1,5 Milliarden Jahresumsatz. Das schmeißt man nicht so hin wie einen abgewetzten Mantel, zumal es um die Zukunft Tausender Menschen ging, die ihre Existenz auf *Herta* gebaut hatten.

Im Laufe des Jahres gab es Verhandlungen mit *Nestlé, Beatrice Foods* und *General Foods* (Oscar Mayer). Am 19. Oktober 1984 fiel die Entscheidung per Handschlag mit Helmut Maucher von *Nestlé* im Hilton Düsseldorf. Mir war es unendlich wichtig, dass meine Frau Dorothee – sozusagen Schulter an Schulter – neben mir stand und dass sie sah, dass meine Hand zitterte. Aber nach diesem Handschlag war mir leicht.

*

Aber ausschlaggebend war nicht der Verhandlungsmarathon mit diversen Lebensmittel-Multis, ausschlaggebend war der siebte Fastentag in Marbella gewesen. Und die Tage davor.

Schon nach wenigen Fastentagen kehrte die Ruhe ein, die ich ersehnt hatte, die ich so liebe und schätze. Und: Klarsicht. Berufenere Zeugen als ich haben versucht, dieses Gefühl von wohltuender Klarheit zu beschreiben. Ich vermag es allenfalls ungefähr. Da ist – Ausgangssituation – ein Teich, dessen Oberfläche aufgewühlt ist. Ich erkenne alle Gegebenheiten und Kräfte im Umfeld: Wind, Wasser, Spiegelungen. Aber erst später, nachdem sich der Wind gelegt hat, kann ich auf den Grund sehen: erkenne Kiesel, Wasserpflanzen, Molche, Stichlinge. Das ganze Leben halt.

Irgendwann hatte sich der Wirbel aufgelöst. Ich sah Grund. Den Grund des Elends, das auch mein Elend war. Und ich sah einen Grund, den ich erreichen wollte. Ein Land, das klar und schön dalag, wie die kristalline Unterwasserwelt in einem klaren Gewässer.

Nein, ich will jetzt nicht weichzeichnen oder einen kleinen frommen Hausaltar errichten mit Selbstbeweihräucherungskerzen: Ich sah an diesem siebten Fastentag nicht Herrmannsdorf fix und fertig vor mir … sozusagen als Bild am Grund des Teiches. Es war auch keine Fata Morgana über dem Mittelmeer. Aber ich sah, dass ich, wenn ich weiter im Takt der Fließbänder gehen würde, verkümmern müsste. »Es gibt kein richtiges Leben im falschen«, sagte Theodor W. Adorno in seinen berühmten »Minima Moralia«. Und ich begriff, dass es eine Chance gab, das Falsche zu lassen und das Richtige zu tun. Ich ahnte, dass es auch für einen Macher die Möglichkeit gab, das zu machen, was die einzig richtige Antwort auf alle Zweifel war: aufzuhören und neu anzufangen. »Ein achtsamer Umgang mit dem Leben …«, das durfte doch keine fromme Floskel bleiben, das musste doch gelebt werden!

Über unser morgendliches Glas Wasser hinweg sagte ich zu Dorothee: »Schluss mit *Herta*! Ich fange ganz von vorne an!« Ich sagte, »ich« fange neu an. Ich hoffte aber inständig, dass Dorothee es als »wir« verstehen würde. Das tat sie auch. Und erst das machte es möglich.

*

Rückblickend heftet man – ich glaube, das passiert einem unwillkürlich – immer wieder diese Art von »Was wäre gewesen, wenn«-Fragen an lebensentscheidende Momente der eigenen Vita. Was wäre gewesen, wenn Dorothee damals an diesem Fastenmorgen gesagt hätte: »Unmöglich, Karl Ludwig! So ein Lebenswerk, so eine Familiengeschichte, das lässt man doch nicht einfach zurück!« Oder wenn eines meiner drei Kinder nicht von der Öko-Bewegung erfasst worden wäre, sondern Anfang der 80er Jahre gesagt hätte: »Vater, *Herta*, das ist mein Ding! Ich erobere für uns den chinesischen Markt.« Ich weiß nicht, was gewesen wäre, wenn … Sicher bin ich mir aber: Herrmannsdorf kam nicht zwangsläufig.

Ich glaube nicht daran, dass alle Wege in irgendeinem goldenen Buch vorab festgeschrieben stehen. Es führte kein zwingender Weg von dem 25-Jährigen, der 1955 irgendwo mitten auf dem Atlantik eine Skizze für industrielle Fleischproduktion aufs Papier wirft, zu dem 54-Jährigen, der hinwirft und sein altes Leben hinter sich lässt.

Hinwerfen, neu anfangen. Das hätte auch *leicht* sein können. »Leicht« allerdings nur im herkömmlichen Sinne. Mit dem Geld, das mit dem Verkauf von *Herta* »frei wurde«, hätte ich mich, meine Familie und Freunde leicht freikaufen können, frei von allen irdischen materiellen Zwängen. Und manchmal – in der mühsamen Zeit nach dem *Herta*-Verkauf – gab es auch Anfechtungen und Zweifel. Von einem großen Dampfer, der MS *Herta*, in ein kleines Boot umzusteigen … und sich da auch noch selbst in die Riemen zu legen, sozusagen als Galeerensklave im eigenen Auftrag. Und Welthunger, ich meine Hunger auf viel Welt, hatte ich ja doch auch noch!

Kein größeres, schöneres Lebensgefühl als unter Segeln auf einem angenehmen Meer … Diese Momente, von denen Segler wissen, dass sie frei von irdischer Schwerkraft sind, erlebte ich oft auf dem Wasser. Bei sinkender Sonne die Steilklippen von Bonifacio passieren, oder Ithaca voraus bei einem Wind, der schon Odysseus das Haar gekräuselt hat, verwehte Hochzeitsmusik über dem Mastenwald von Valletta, Delfine, die um das Boot tanzen. Mein Gott, war das schön!

Und wenn dann noch jemand neben einem sitzt, der sagt: »Alter Freund, du könntet doch in jedem Segelrevier der Welt deine eigene Jacht liegen haben. Warum eigentlich nicht?« Doch dann musste ich an meinen Großvater denken, der, als er zu Wohlstand gekommen war, kurz ins Luxusleben aufbrach, aber sogleich klein beidrehte und zurückkehrte. Ich denke, weil er den »Geschmack von Sinn« vermisste. (Na ja, und weil ihm seine Frau kräftig ins Kreuz trat.)

Mit dem »Geschmack von Sinn« ist das so eine eigene Sache. Ich denke, dieser Geschmack braucht eine sehr deutliche Beimengung von Freude. *Nur* Sinn würde leicht mal fade schmecken. Das bestätigte mir ein Amerikaner, den ich Anfang 2013 in Herrmannsdorf herumführte. Einer, der die Gipfelhöhen von Geld, Ruhm und Welterfolg verlassen hatte, etwa in dem Alter, in dem ich die *Herta*-Würste hängen ließ, um Sinn zu schmecken. Und Sinn zu stiften.

Er sagte mir, er verdanke seinen Eltern eine Lebensweisheit, die ihn auf Kurs gehalten hätte beziehungsweise: auf Kurs gebracht, als sein Kompass schlingerte. Die Eltern sagten: Nur was man mit Freude mache, mache man gut. Und er fügte zu meiner großen Freude hinzu: »*Only a beautiful farm is a good farm.*«

Ich spreche von Douglas Tompkins, dem Gründer der Weltfirma *The North Face*, dem Mann, der *Esprit* zu einem Weltkonzern machte und der 1990, 47-jährig, beide Modelabels für 250 Millionen Dollar an den Kleiderbügel hängte, um künftig ein »Landheiler« zu sein. Im argentinischen und chilenischen Patagonien erwarb er ausgedehnte Landflächen, um dort Schutzgebiete zu schaffen. Er kaufte auch weiter nördlich Regenwald frei – sozusagen vor laufenden Motorsägen. Und mit seinem inzwischen weltberühmten *Laguna-Blanca*-Projekt etablierte er eine Landwirtschaft, die den Gesetzen der Schönheit ebenso wie denen der Natur und der Ökologie folgt. Für seine 20 Betriebe in Südamerika, so sagte er, sei das eigentlich eine klare Sache: Wenn alles schön sei, dann sei es auch im Gleichklang, und Menschen in dieser Stimmung könnten fürsorglich (»protective«) sein. Und sie könnten auch gute Arbeit leisten. Solche Menschen, sagte er, seien stolz. Und es sei ein verdammter Unterschied, ob jemand arbeite, weil er sein Konto füllen müsse, oder weil diese Arbeit ein Genuss sei und etwas, das einen ohnehin mit Stolz erfülle.

Unversehens geriet ich während unseres Rundgangs in Herrmannsdorf ein wenig in die Rolle des zweifelnden Fragers, ganz einfach deshalb, weil mir das, was Tompkins in den letzten 20 Jahren erreicht hatte, so unglaublich, so unglaublich erfolgreich vorkam. »Gut, man braucht Geld«, sagte ich, »man braucht Ideen, aber auch Mut und Zuversicht. Aber *woher* kommt die Zuversicht?«

Er grinste unter seiner Mütze hervor, die mir eher südfranzösisch als amerikanisch erschien, und sagte: »Ich bin absolut zuversichtlich, dass die chemisch industrielle Landwirtschaft zusammenbrechen wird. Ich bin jetzt 70. Zu meinem 90. Geburtstag sollte es so weit sein ...« Und dann seien Inseln wie *Laguna Blanca* und viele andere – er machte eine freundliche Wischbewegung mit der Rechten über das umgebende Herrmannsdorf –, dann seien das die Punkte, von denen aus die postindustrielle Landwirtschaft wachse. »Aber lassen sich die natürlichen Grenzen nicht durch maschinellen Fortschritt aushebeln?« Es folgte ein dezenter Fluch, der sich nicht gut übersetzen lässt, »... das ist ein Todesprogramm«, so Tompkins. Und er sei froh und glücklich, auf der Seite des Lebens zu stehen.

Ich zeigte ihm unsere Metzgerei. So etwas hatte er noch nie gesehen. Viel Licht, Ausblick ins Grüne für die Metzger. Kunstwerke in den »Handwerkstätten«. Er staunte mit offenen Augen und offenem Mund, als er die vielen Knochenschinken und Salamis in unseren Erdreifegewölben sah und roch. »How beautiful«, strahlte er mit breitem Lachen. Und seinen Ausspruch »Only a beautiful farm is a good farm« ließ ich schon kurz nach seinem Besuch in unserer Warmfleischmetzgerei aufhängen, leicht abgewandelt: »Nur eine schöne Metzgerei ist eine gute Metzgerei.«

Unser Herrmannsdorfer Hofladen begeisterte ihn. Und seine Begeisterung machte mich glücklich. Er wog Gurken in der Hand, streichelte Salat, schnupperte an einer unserer meisterlichen Pas-

Schweineglück vor Alpenkulisse

teten und erklärte, was für ihn »land healing« bedeute. Erst einmal: Vielfalt (»diversity«)! Felder, Tierhaltung, Obstanbau ... alles in überschaubaren Einheiten. Und: »Let it be colourful« – bunt solle es sein. Ganz besonders wichtig: immer wieder den Blick nach unten richten! Die geschundenen Böden, über die viele Jahre lang schweres Gerät und Giftduschen unterwegs waren, sollen wieder Humus anreichern. »Und sie tun es. Ja, sie tun es!«

Das sind auch die beiden wichtigsten Säulen der ökologischen Landwirtschaft: erstens Artenvielfalt auf den Äckern und bei den Tieren, möglichst miteinander – die Natur kennt keine Monokulturen, alles ist mit allem verbunden; zweitens, dem Boden zurückgeben, was man ihm entnommen hat.

Und immer wieder fiel bei Tompkins der Satz »land healing is fun!« – es mache einfach Spaß, das Land gesund zu pflegen. Die Flächen, die Tompkins für Naturschutz dem Staat Chile übergibt, sind Geschenke mit Auflage: Mindestens hundert Jahre muss dort der hohe Schutzstatus international anerkannter Nationalparks bestehen bleiben. Und auf den riesigen Arealen, auf denen Tompkins Öko-Landwirtschaft betreibt (genauer: von vielen Kleinpächtern betreiben *lässt*), muss es immer relativ große Flächen geben, die keinem anderen Zweck dienen als der Regeneration von Biodiversität.

Und dann gab es noch so einen *magic moment*. Tompkins hatte gerade lobend bemerkt, dass wir in Herrmannsdorf neben Honig der Region auch fair gehandelten Honig aus Lateinamerika in unserem Hofladen anbieten, als eine junge Frau neben ihn ans Regal trat. Ich sah, wie der Ex-Designer und Ex-Modekonzernlenker einen Seitenblick auf ihre Bluse warf. »Esprit?«, fragte ich und nickte in Richtung der Blusenträgerin, die natürlich nicht ahnen konnte, eine Modelegende des 20. Jahrhunderts auf Schulterbreite neben sich stehen zu haben.

»Esprit is French … it means wit«, sagte er. Esprit sei nur ein französisches Wort für Witz. Geistreicher Witz.

Kapitel 7

Es war einmal ein Wunderland ...

„Es ist besser,
ein kleines Licht anzuzünden,
als über die Dunkelheit
zu jammern".

Chinesische Weisheit.

Ein Wunderland, das viele Millionen Euro gekostet hatte, einen Großteil davon mich. Es war nicht schlecht erdacht und gemacht. Das Wunderland, wie ich es mir vorgestellt hatte und dann auch etlichen Menschen vorstellte, war eines, in dem das Sichwundern in Begeisterung umschlagen sollte. Und Begeisterung, so meine optimistische Erwartung, würde anstecken und viele Nachahmer auf den Weg bringen.

Also, auf ins Neuland, sagte ich mir kurz vor der Jahrtausendwende. Neuland des Denkens und Neuland des Tuns. Auf ins »Morgen-Land«, Land, in dem auch morgen noch Landwirtschaft blüht, die ihren Namen wert ist. Es fällt mir ein wenig schwer, in dieses Land – und sei es nur erinnernd und im Geiste – zurückzugehen. Aber ich habe mich dazu entschlossen.

Drei Jahre vor der Weltausstellung *Expo 2000* hatte ich gehört, dass die Stadt Hannover plane, auf ihr gehörenden Grundstücken nahe der Weltausstellung einen ökologischen Bauernhof zu errichten, und dafür Interessenten suche. Ich machte mich auf den Weg nach Hannover, um mehr zu erfahren, und verhandelte mit dem damaligen Stadtkämmerer, der das Vorhaben in den höchsten Tönen pries. Das klang alles sehr verführerisch, und die Idee setzte sich in meinem Kopf und meinem Herzen fest. Ich fing an, darüber nachzudenken, wie ein Herrmannsdorf vor den Toren der Weltausstellung aussehen könnte und welches die Kernbotschaft sein müsste. Ich witterte die große Chance für einen mindestens mittelgroßen Sprung. Denn, so mein Kalkül, so eine Weltausstellung zieht viele, viele Menschen aus aller Welt an. Menschen, die sich informieren wollen, was es in der Welt an positiven Entwicklungen gibt. Schließlich war das ja auch der erklärte Sinn der großen Weltausstellung Ende des 20. und zu Beginn des 21. Jahrhunderts. Ich dachte mir, dass es eine tolle Möglichkeit sei, unsere Vorstellungen und die in Herrmannsdorf bereits gemachten Erfahrungen (mit einer achtsamen und kultivierten Nutzung der Natur für die Erzeugung von »Lebens-Mitteln«) der Welt zu präsentieren. *Small is beautiful* … ja, ja, das galt ja immer noch. Aber das musste und sollte doch nicht heißen, eine große Chance auszulassen.

Der Kronsberg, wenige Gehminuten vom Haupteingang der Weltausstellung entfernt, sollte ein großes, sich selbsterklärendes Ganzes sein: Vertrauen in Lebensmittel sollte sich aufbauen, weil man als Kunde und Genießer sozusagen durch die Herstellung wandert. Angelegt waren alle Gebäude als Spirale, in der Mitte ein zentraler Bau, durch den die kleine Hauptstraße führte. Man defilierte an Theken vorbei, sah über die Auslagen hinweg die Lebensmittelhandwerker bei der Arbeit: Bäcker, die sich auf Sauerteig spezialisiert haben, Warmfleischmetzger, Käser – Rohmilchkäser natürlich, die ihr Handwerk so verstehen, dass nicht durch hohe Temperaturen all das abgetötet wird, was an der Milch gut und wertvoll ist. Auch das Wirtshaus lud zum Blick in die Küche ein, in der es natürlich keine Tüten oder Vorgefertigtes gab, sondern nur gewachsene Frische.

Längs der Spirale lagen die Häuser der Mitarbeiter und ein Gästehaus. In Fortsetzung der Reihe dann die Ställe der Legehühner, der Sauen und Mastschweine. Alle Tiere, auch das fiel ins Auge, hatten Auslauf ins Freie. Unweit der Tiere dann die Biogasanlage, um aus organischen Resten Elektrizität und Wärme zu erzeugen. Und schließlich der große Milchviehstall mit Weideanschluss, angrenzend an eine große Feldscheune für die Lagerung von Stroh. Fast nur einen Steinwurf entfernt im Hintergrund zog sich die Silhouette futuristischer Expo-Gebäude.

Der Landwirt Antonio Merz (er hatte einen ökologischen Bauernhof in Fulda und war zuvor mit dem Agrar-Kultur-Preis der
Schweisfurth-Stiftung ausgezeichnet worden) hatte den Auftrag,
nach meinen Plänen alles zu bauen und das Zusammenwirken
der Partner zu organisieren. Partner waren im Wesentlichen der
Bauer für die Tierhaltung und die Feldarbeit, der Bäcker, der
Käser, der Gastwirt sowie Spezialunternehmen für Entsorgung
und Energieversorgung einschließlich eines großen Windrades.
Die Partner trafen sich in regelmäßigen Gesprächsrunden, in
denen die Regeln, die Rechte und Pflichten der einzelnen Partner
diskutiert und, wenn nötig, justiert wurden.

Und genau hier lagen, wie sich bald zeigte, die Probleme: Die
Runde war überwiegend mit Schuldzuweisungen beschäftigt,
wenn etwas suboptimal lief. Aus Partnern wurden Streithähne,
womit ich nicht die männlichen Hühner beleidigt haben will. Das
Wunderland, durch das wir soeben gegangen sind, stand nicht
einmal drei Jahre lang am Südrand von Hannover. Es ist verschwunden wie Atlantis oder das »Utopia« des Thomas Morus.

Wir waren dabei, aber es wäre Selbstbetrug, sich rückblickend
Erfolg zu bescheinigen. Dabei hatte es an ernsthaften Warnun-
gen nicht gefehlt. Vor allem ein guter Freund, der sich auskennt
in der Welt, Professor Karl Ganser, hatte mir deutlich genug
gesagt: »Karl Ludwig, lass das! Du hast falsche Vorstellungen
von dem, was heute eine Weltausstellung ist. Du täuscht dich,
wenn du glaubst, da kämen die neugierigen, die innovativen
Unternehmer und die Pioniere, so wie das bei den alten Weltaus-
stellungen zweifellos der Fall war. Hast du nicht bemerkt, dass
heute das Internet die Aufgabe übernimmt, neues Wissen, neue
Ideen und neue Geschäftsmodelle in Sekundenschnelle weltweit
zu verbreiten? Da braucht man keine weiten Reisen mehr zu

machen. Die *Expo 2000* wird im Wesentlichen eine große Spiel- und Spaßveranstaltung sein.« Und so war es dann auch, noch dazu die teuerste der neueren Zeit.

Kalkuliert hatten die Veranstalter mit 40 Millionen Besuchern, es wurden dann nur 18 Millionen. Zwar wurde die ideenreiche, teils bautechnisch perfekte Umsetzung des Mottos »Mensch – Technik – Natur« national und international gelobt. Aber die Eintrittspreise waren deutlich zu hoch angesetzt, so dass sich der einkalkulierte Schneeballeffekt – begeisterte Besucher begeistern noch Unentschlossene – nur unzureichend einstellte.

Im Nachhinein fühlten sich die Initiatoren einer Bürgerbefragung (die schon im Sommer 1992 stattgefunden hatte) bestätigt. Sie hatten dafür plädiert, den hohen Kostenanteil, den der Steuerzahler direkt oder indirekt zu tragen hätte, anderweitig und direkt »öko-wirksam« einzusetzen. Es gab damals ein verbindliches, aber auch sehr knappes Pro-Expo-Befragungsergebnis: 51,5 zu 48,5 Prozent.

Ich erinnere mich dunkel, dass Professor Ganser mich fragte: »Was glaubst du denn, heißt es, wenn schon die Gastgeber, also die Menschen in unmittelbarer Nähe der Expo, kaum dafür sind?« Aber ich war nicht mehr zu bremsen. Ich hatte mir »das Ding« in den Kopf gesetzt. Ich wollte ein beispielhaftes Modell präsentieren und meine Ideen von Achtsamkeit im Umgang mit Boden, Wasser, Pflanzen, Tieren und Menschen vorstellen. Ökologisch, handwerklich und regional. Und ich wollte neueste Umwelttechnik einsetzen mit Biogas-, Pflanzenkläranlagen und mit vielen anderen Techniken zur Verwirklichung von ökologischer Kreislaufwirtschaft. Die Landwirtschaft umfasste eine ökologische und umweltgerechte Milchvieh-, Schweine- und Geflügelhaltung, alles vom Feinsten.

Und es sollte ein partnerschaftliches Modell sein mit selbständigem Bauern, Bäcker, Käser, Metzger und Wirt, die sich aber gleichwohl gemeinsam erarbeiteten Rechten und Pflichten für die Zusammenarbeit verpflichtet fühlten. So der Plan.

Pünktlich zur Weltausstellung öffneten wir unsere Tore. Nachdem die erste Welle Neugieriger verebbt war, trat Stille ein. Nur wenige Menschen kamen, um zu kaufen und zu lernen. Der Kronsberg, so hieß das Projekt, lag nur eine Viertelstunde Fußweg vom Haupteingang der Expo entfernt. Aber die Besucher nahmen unser Projekt gar nicht wahr, nur bitter wenige verirrten sich bis zu uns.

In einer großen, zentral auf dem Expo-Gelände gelegenen Halle, in der das Thema Landwirtschaft und Lebensmittel thematisch angesiedelt war, hatten wir die Möglichkeit, uns mit einer interessanten und ungewöhnlichen Darstellung unserer »Lebens-

Das Gelände des Kronsberg vor den Toren der Weltausstellung Expo 2000 in Hannover.

Mittel« (und der Lebens-Philosophie dahinter) zu präsentieren. Wir haben damals alles versucht, Besuchern die Möglichkeit zu geben, von der Halle aus zum nahen Kronsberg zu fahren. Vergebens, das Ticketing-System behinderte das eigentlich Naheliegende bis zur Unmöglichkeit. Wer einmal im Expo-Gelände war, musste drinbleiben … oder nach einem Kronsberg-Besuch eine neue Eintrittskarte lösen.

Die Hannoveraner nahmen bei allem Getöse um die Weltausstellung und die vielen Einzelprojekte unseren Kronsberg nicht wahr als einen interessanten und schönen Ort, um ökologische Lebensmittel kennenzulernen und zu kaufen. Was nützen höchster Geschmacks- und Gesundheitswert, wenn sie nicht gesehen und erlebt werden? Was nützt kluge Didaktik (begreifen, wie bei uns »Lebens-Mittel« entstehen, angefangen mit dem Acker, der Tierhaltung und der »Umwandlung« der Pflanzen und Tiere bis zum fertigen wohlschmeckenden, natürlichen Lebensmittel), was nützt das alles, wenn es unbemerkt bleibt? Wir predigten in leerer Kirche.

Hinzu kamen eine Menge technischer Probleme. Die Pflanzenkläranlage verstopfte und musste stillgelegt werden. Die Biogasanlage brachte nicht die versprochene Leistung. Die Kälteanlage fiel aus wegen technischer Mängel. Die Anlage zur Entsorgung aller organischen Abfälle, vor allem der anfallenden Fleischabfälle, sollte beispielhaft sein für eine ökologische Kreislaufwirtschaft, in der alle entstehenden organischen Abfälle – sorgfältig behandelt – wieder dem Boden zurückgegeben werden. Sie hauchte schnell ihren Geist aus und machte nur Arbeit, statt sinnvolle Arbeitsentlastung zu bringen.

Das Fazit: Unsere Ansprüche, vor allem unsere Vorstellungen von moderner Umwelttechnik, waren überzogen. Wir wollten zu viel auf einmal und sind an diesen Ansprüchen und Vorstellungen gescheitert. Vieles verwirbelte sich zu einem Negativ-Sog: die kurze Planungszeit, der falsche Ort und die überzogenen Ansprüche an Perfektion sowie die Schwierigkeiten partnerschaftlicher Zusammenarbeit, die sich schnell in der praktischen Arbeit zeigten.

Immerhin: Es blieb kein Scherbenhaufen, es blieb Nutzbares. Der landwirtschaftliche Betrieb am Standort Kronsberg arbeitet weiter, erfolgreich. Die Werkstätten und der Markt sind zu einem sozialen Rehabilitationsprojekt für Drogenabhängige, der »Klinik am Kronsberg«, umgewandelt worden. Und die gewonnenen Erfahrungen – ökonomische, ökologische und soziale – waren wertvoll bei der Planung und Verwirklichung anderer Pilotprojekte im In- und Ausland.

Aber der Einschnitt war deutlich tiefer als nur hautdick. Die *Expo 2000* war am Ende ein sehr teures Lehrstück für mich und alle Beteiligten. Die Enttäuschung über das Ausbleiben der ganz großen Strahlkraft war groß.

Ich saß damals oft stundenlang lethargisch herum und war nicht allzu weit davon entfernt, hinzuschmeißen: *alles* hinzuschmeißen. Dabei wusste ich ja, dass man als Unternehmer, der etwas unternimmt, auch scheitern kann. Nur Unterlasser scheitern nicht! Aber wissen ist das eine, es zu erfahren etwas anderes. Ich war verzweifelt. Noch lange Zeit nach dem Hannover-Flop saß ich wie in einem tiefen Loch, wollte nicht mehr dabei sein, mich nicht mehr sehen lassen, aussteigen.

Dennoch: Das Scheitern dieses großen Projekts war bedeutsam. Eine Automobil- oder eine ähnliche Fabrik für technische Güter kann man in kurzer Zeit auf die grüne Wiese setzen, irgendwo auf der Welt. Aber etwas so Komplexes, Lebendiges wie Herrmannsdorf braucht Zeit für die Planung und zum Reifen. Das Projekt muss klein und einfach anfangen und den beteiligten Menschen Zeit zum Lernen geben. Einfache Technik kann peu à peu ergänzt und vervollkommnet werden. *Reifen* ... ist das Schlüsselwort.

Ganz wichtig, wie ich heute – leider erst heute – weiß: Ein sozial-ökologisches Projekt muss »fehlerfreundlich« sein. Will sagen: Fehler, die mit fast naturgesetzlicher Notwendigkeit auftreten, dürfen nicht das ganze wachsende System zerrütten. In der zeitgenössischen Diskussion um *nachhaltiges* Wirtschaften hat sich seit einigen Jahren ein Begriff herausgebildet, der mir vor und kurz nach Hannover noch nicht bekannt war: »*Resilienz*«. Das Wort leitet sich aus dem Lateinischen (resilire: abprallen) her und bezeichnet die Fähigkeit, Störungen, Fehler oder auch einfach nur Neuerungen integrieren zu können, ohne dass das System im Kern Schaden nimmt. Besonders eingeprägt hat sich mir – wohl wegen der biografischen Bezüge zu meinem Leben – das Lieblingsbeispiel der Resilienz-Erklärer: Ein Stehaufmännchen pendelt, einerlei wie hart es geschubst wird, wieder in seine Ausgangslage zurück. Es bleibt, was es ist, und es bleibt funktionstüchtig. Was übrigens nur geht, wenn das System (im Beispielsfall Stehaufmännchen: tiefer Schwerpunkt in einer Halbkugel) genial gut und einfach ist.

*

So einen resilienten Leuchtturm – ein *fehlerfreundliches Muster mit Wert* – haben wir, eingedenk des relativen Scheiterns auf dem Kronsberg in Hannover, in Russland aufgerichtet. Oder richtiger und etwas realistisch und bescheidener ausgedrückt: Wir helfen derzeit dabei, einen Leuchtturm aufzurichten.

Und das kam so: Der russische Textilunternehmer Alexander Brodowski und seine deutsche Frau Roswitha suchten einen Hof, um ab und zu dem Moloch Moskau entfliehen zu können. Der Hof sollte aber nicht einfach nur das sein, was Osteuropäer eine »Datscha« nennen, ein Häuschen im Grünen, wo man die russische Seele baumeln lassen kann. Die beiden stellten sich vor, dass auf ihrem Hof sinnvolle Landwirtschaft stattfinden solle. Permakultur – also die faszinierende Land- und Gartenbautechnik mit minimalen Eingriffen in natürliche Systeme – schwebte ihnen vor. Als sie dann, auf der Suche nach Anregungen, Herrmannsdorf besichtigten, bekamen ihre Ideen und Visionen noch mal einen ganz neuen Spin. Und das geschah seltsamerweise, als sie von Herrmannsdorf aus nach Osten blickten, Richtung Heimat: Russland.

Ich erinnere mich, wie Roswitha, den Blick auf die Herrmannsdorfer Permakultur gerichtet, die Teil unserer symbiotischen Landwirtschaftsflächen ist, zu mir sagte: »Die deutsche Öko-Landwirtschaft musste ja in den 70er Jahren nicht ganz bei Null anfangen ... In Russland ist es tief unter Null. Und zwar nicht nur im Winter.« Russland sei eine einzige Brache, sagte sie mir, und wenig später sah ich, während einer ersten Erkundungsreise, wie recht sie damit hatte, auf stundenlangen Autofahrten durch diese Brachen, durch ehemalige Felder, durch unwirtliche Distelsteppen ...

Stalin hat ab 1928 mit seiner Zwangskollektivierung die bäuerliche Landwirtschaft ausgerottet, hat Millionen von Kleinbauern dem Hungertod ausgeliefert, ein »Völkermord«, der im Russland heutiger Tage noch immer verschwiegen wird. Und sind schließlich nicht auch die nachfolgenden Kolchosen mit dem Ende der Sowjetunion gänzlich verschwunden? Ist nicht aus dem alten Bauernland Russland eine unendlich ausgedehnte, in weiten Teilen bauernfreie Nation geworden? Am Tropf der Ölindustrie?

Mehr als die Hälfte des verzehrten Fleisches wird in Russland heute importiert, und das in einem traditionellen Agrarland. Das Rindfleisch im Nationalgericht Borschtsch stammt mit großer Wahrscheinlichkeit nicht aus dem Einzugsgebiet des Flusses Don oder aus dem Ural, sondern aus Norddeutschland, Holland oder Argentinien. Das Handwerk – so sagte man mir und so konnte ich es ausschnittsweise beobachten – ist in Russland großflächig abgestorben. Kann denn so etwas überhaupt revitalisiert werden, oder ist es wie mit ausgestorbenen Arten, die auch beim besten Willen nicht rückholbar sind? Jetzt, da ich das niederschreibe, lese ich, dass ein deutscher Großinvestor mit dem Geld russischer Oligarchen eine 25 000-Hektar-Kolchose bauen will. Das entspräche in etwa der halben Grundfläche des Stadtstaates Hamburg. Westliche Technik, westliches Management in Kombination mit russischem Geld und Mitteln aus westlichen Agrarfonds werden Kolchosen entstehen lassen, die funktionieren. Stalin hätte seine Freude daran gehabt.

Aber wo bleibt der russische freie Bauer? Wird Russland eine große Agrarfabrik, die Europa mit billigen Nahrungsmitteln überschwemmt, obwohl das Totenglöckchen des agroindustriellen Systems schon unüberhörbar bimmelt? Es ist, als hätte der agrarindustrielle sowjetische Todesmarsch in die Sackgasse nie aufgehört. Russland scheint kein Land zu sein, in dem die Hoffnung auf Vernunft und Nachhaltigkeit derzeit auch nur eine Wurzelspitze in die Erde treibt.

Dennoch: »Wir müssen zu Hause eine ökologische, eine heilende Landbewirtschaftung versuchen«, beschlossen Alexander und Roswitha Brodowski nach ausführlichen Info-Tagen in Herrmannsdorf. Und einen gewissen Hunger auf »das Bessere« hatten sie schon ausgemacht: Für natürliche Lebensmittel von hoher

Qualität fänden sich ganz bestimmt Kunden in Moskau. Da waren sie beide zuversichtlich.

Herrmannsdorf hat eine Entwicklungsabteilung. Und wir machten uns daran, mit »den Russen« (es zeigte sich schnell, dass die Brodowskis nicht ganz allein auf weiter russischer Flur standen) zu überlegen, wie sich Verfahren, Prinzipien und Konzepte, die sich im Westen bewährt hatten, auf russische Verhältnisse adaptieren lassen.

Es ging langsam voran, es gab Rückschläge, aber es ging. Die Basis für das *Leo-Tolstoi*-Projekt wurde eine ökologisch bewirtschaftete Landwirtschaft mit Schweinen und Rindern, weitgehend in Freilandhaltung nach den Regeln der »Symbiotischen Landwirtschaft« in Herrmannsdorf. Es entstanden einfache Erdställe und mobile Hütten, die in dem Ort Leo Tolstoi einmal üblich waren, aber heute zunehmend verfallen.

In einer ökologisch bewirtschafteten Gärtnerei werden Gemüse und Kräuter angebaut und in sehr schönen Erdgewölben natürlich bis zum Verkauf gelagert. Ich konnte die Brodowskis ganz schnell überzeugen, dass das Unternehmen nur dann erfolgreich sein würde, wenn nicht Tiere verkauft werden, sondern Fleisch, Schinken und Würste. Nur mit so »veredelten« Schweinen und Rindern kann man eine Wertschöpfung erreichen, mit der man auch Geld verdienen kann. Also, eine handwerkliche Warmfleischmetzgerei muss her. Sie arbeitet nach dem Grundsatz: *Low tech, low cost*. Es entsteht ein Sortiment an Fleisch, Würsten und Schinken von hoher Qualität, angepasst an russische Rezepturen, die es in Russland heute nicht mehr gibt.

In verschiedenen Verkaufsläden in Moskau kann man heute Leo-Tolstoi-Lebensmittel kaufen. Und in diesen Läden wird auch die Grundidee (gesunde Nahrung und das Land gesunden lassen) kommuniziert. Und auch das »Sich-heimisch-Fühlen« spielt eine wesentliche Rolle: Die neuen Bauten nehmen die bewährten Formen und die vertraute Materialsprache der alten, ländlichen russischen Baukultur auf und entwickeln sie weiter. Baustoffe sind Holz, Lehm und Feldsteine – also das, was das Land anbietet. Möglichst wenig Beton, keine Versuche, westlichen »Öko-Schick« zu verpflanzen.

Pionierhafte Anfänge, winzig klein in einer unvorstellbar großen Landmasse. Und doch: Der Leuchtturm Leo Tolstoi, 250 Kilometer südlich von Moskau, existiert. Und wenn ich, in der dunklen Jahreszeit (und nach Erhalt von Nachrichten über den russischen Gang der Dinge, der so gar nicht meiner Vorstellung von Achtsamkeit entspricht), an Leo Tolstoi denke, dann sage ich mir – wie ein Mantra – die alte chinesische Weisheit auf: »Es ist besser, ein kleines Licht anzuzünden, als über die Dunkelheit zu jammern.« Also, sagen wir mal so: Das *Leo-Tolstoi*-Projekt ist noch kein Leuchtturm, sondern ein Teelicht, das zu einem wunderbaren, neu gestalteten, altrussischen Samowar gehört. Zu einem mit großem Zukunftspotenzial. Kommt Zeit, kommt Rat (»утро вечера мудренее«), sagen auch die Russen.

Kapitel 8

Gedanken an der Klagemauer

„Heutzutage kennen die Menschen
von allem den Preis
und von nichts den Wert."
Oscar Wilde

Neulich war es wieder so weit. Meine »Klagemauer« drohte einzustürzen. Klagemauer nenne ich die aufgetürmte Literatur, die Zeitungsausrisse, Fotokopien und Fachartikel, die basteiartig meinen Schreibtisch umlagern mit der stumm klagenden Aufforderung: Lies uns! Und wenn ich dann beherzt zupacke, das eine unter »sofort lesen«, das andere unter »später« umschichte, geschieht es regelmäßig, dass ich mich festlese und dabei von meiner ordnenden Absicht abdrifte.

Neulich war es etwas ganz Unscheinbares, das mich fesselte und von meinen archivarischen Vorsätzen abzog. Da hatte jemand über »Den Sonntagsbraten« geschrieben, über das kulinarische Hochamt seiner nordniedersächsischen Jugend in den 50er Jahren. Unter der Woche gab es in seinem Dorf in der nördlichen Lüneburger Heide so gut wie nie Fleisch. Zu teuer! Nur am Sonntag durfte es Schwein und Geflügel, ganz selten mal Rind sein. Und im Winter Kohlwurst. Nicht oft, aber vom Feinsten. Der Autor des Artikels stellte sich die Frage, ob der unvergleichlich gute, nie wieder gekostete Geschmack von damals wohl auch damit zu tun haben könnte, dass die noch kindlichen Geschmacksknospen nicht sechs Wochentage lang von Fleisch »zugeschmiert« wurden, dass sein »Armuts-Vegetarismus« gewissermaßen die Sechstage-Durststrecke war, um am siebten Tag das Labsal voll auskosten zu können?

Ich legte den Artikel zur Seite und wunderte mich eine kleine Weile still vor mich hin: Der Autor hatte den Fleischsonntag als Stigma seiner mageren Jugendzeit empfunden – wenn auch mit dem Positivum behaftet, dass es an diesem einen Wochentag besonders gut schmeckte. Der Autor war nicht zu der Erkenntnis vorgestoßen, dass der Küchenplan seiner Kindheit der richtige war. Und der heute übliche in jeder Hinsicht der falsche.

Ich wende meiner Klagemauer den Rücken zu. Ich muss es genauer wissen! Ich beginne, in alten und neueren Exzerpten zu lesen, mache mir Notizen, unterstreiche, setze Fragezeichen in die Randspalten. Ich suche, lese erst kürzlich oder schon vor einiger Zeit Eingeräumtes und wundere mich erneut, wie sehr Fleisch – als Faktor, aber auch als Mangelfaktor – unser Werden bestimmt hat.

Fleischverzehr war über die Jahrtausende das Besondere. Pflanzliche Nahrung das Alltägliche. Was aber nicht heißt, dass Fleisch nur eine winzige Nebenrolle spielte. Es ist eine Tatsache, dass Fleisch in der Nahrungskette, also in der Aufeinanderfolge von Fressen und Gefressenwerden, höher rangiert als pflanzliche Nahrungsmittel. Der Hase frisst Klee, der Fuchs den Hasen, der Adler den Fuchs. Aber häufig ist, wenn von »höher« die Rede ist, etwas anderes gemeint als das Oben und Unten einer Nahrungskette. Fleischliche Kost liefert Eiweiß, das den Aufbau körpereigener Proteine effizienter gestaltet, als es pflanzliches Eiweiß vermag. Menschen haben das wohl schon immer gewusst, lange bevor es wissenschaftliche Bestätigungen dafür gab. Der Fleischgenuss war für sie immer schon etwas Besonderes. Das jüdische Volk hat sich unter Moses' Führung auf der Flucht vom Nil zum Jordan nach den »Fleischtöpfen Ägyptens« gesehnt, nicht nach dem dortigen Fladenbrot. Und die Festtafeln flämischer Maler bersten unter Braten und Würsten, nicht unter Brotlaiben und Kohlblättern.

Erst das moderne Industriesystem hat das Fleisch »ent-besondert«. Fleisch ist permanent und im Überangebot verfügbar. Dem Sonntagsbraten folgten die Montags-Currywurst, die Dienstags-Frikadelle, das Mittwochs-Schnitzel, der Donnerstags-Wurstteller, die Freitags-Spaghetti-Bolognese und das Samstags-Gulasch mit

Tütenwürze. Fleisch ist in unserer Wahrnehmung nichts Höherwertiges mehr. Es fällt nur noch auf, wenn es fehlt.

Das sagen auch die Preise: Schnitzel zu Schleuderpreisen. Aufschnitt fast billiger als die Verpackung. »Die Edeka-Tochter Netto bietet fünf Minutensteaks für 2,39 Euro an« (SPIEGEL 43/2013). Das Besondere ist auf die Stufe absoluter Alltäglichkeit gesunken. Und unser ganz banaler Fleischhunger wird industriell abgefüttert. Ställe mit 2 000 Schweinen oder mit um die 40 000 Hühnern sind keineswegs mehr krasse Ausnahmen. Gigantismus nach Marktlage.

Das spiegelt sich auch in der Werbung wider: Nicht etwa Getreide, sondern Fleisch sei »ein Stück Lebenskraft«, wirbt die Fleischer-Innung. Man will uns weismachen, dass uns ohne regelmäßigen, täglichen Fleischverzehr die Kraft zum Leben fehlte. Welche ein Schwachsinn! Humanmediziner sagen uns, dass so ziemlich das Gegenteil richtig ist. Fleisch im (heute üblichen) Übermaß genossen, ist eine wachsende Gesundheitsbedrohung. Eine Studie aus Großbritannien besagt, wer seinen durchschnittlichen Fleischkonsum (von etwa 50 Gramm) verdoppele, erhöhe sein Darmkrebsrisiko um 18 Prozent, das Risiko, am Herz-Kreislauf-System zu erkranken, steige um 42 Prozent. Die Gesundheitsbelastung wächst proportional mit dem Wachstum der Fleischberge, die durch unseren Magendarmtrakt gehen, vor allem, wenn es sich um billiges Industriefleisch handelt. Im Übrigen: Die Wissenschaft macht noch zu wenig oder gar keinen Unterschied zwischen ökologischem, also »würdevoll gewachsenem« Fleisch und Fett und industriell produziertem »Turbofleisch«. Schnitzel ist nicht gleich Schnitzel, Fleischwurst nicht gleich Fleischwurst. Da gibt es große Unterschiede. Da haben die Damen und Herren Wissenschaftler noch viel Forschungsarbeit vor sich.

Doch fest steht schon jetzt: Die Fleisches(über)fülle ist dumm. Und sie ist unmenschlich – unmenschlich im Sinne von: gegen die Natur des Menschen gerichtet. Der Mensch, und zwar nicht nur der Frühmensch, sondern auch der Mensch in seiner heutigen Entwicklungsstufe, ist nicht eindeutig »Pflanzenfresser« (Herbivore) und schon gar nicht eindeutig »Fleischfresser« (Karnivore). Er ist »Omnivore«, was wir, wenig charmant aber zutreffend, mit »Allesfresser« übersetzen können. Wir können sowohl tierische als auch pflanzliche Kost zu uns nehmen und sie »aufschließen«.

Diese Fertigkeit teilen wir zum Beispiel mit den Schweinen und mit unseren nahen Verwandten, den Menschenaffen. Vor allem Schimpansen sind ausgeprägt omnivor. Gilt das auch in gleicher Weise für unsere unmittelbaren Vorläufer, die *Nicht-mehr-Affen* und die *Schon-so-gut-wie-Menschen*? Lange ging die Abstammungsforschung davon aus, dass sich der schimpansenartige Waldaffe – vielleicht vor drei Millionen Jahren – in die afrikanische Savanne begeben hat, dort den aufrechten Gang übte und ihn schließlich auch beherrschte. In der Savanne erst wurde der Hangler und Kletterer zum perfekten Dauerläufer und schließlich auch – irgendwann – zum Jäger großer Tiere.

Neuerdings sagt das Knochenorakel etwas anderes. Was Spezialisten aus der hart gebackenen äthiopischen Erde kratzen und was mit modernster Computer-Bildtechnologie zu einem Skelett zusammengesetzt wurde, zeigt ein – vom Kopf abgesehen – recht menschenähnliches Wesen, deutlich älter als die Frühschimpansen, die bisher hoch in unserem gemeinsamen Stammbaum angesiedelt waren und die uns nach alter, entwicklungsgeschichtlicher Lehrmeinung aus dem Wald geführt haben sollen.

Das vielleicht Bemerkenswerteste daran: Der Zweibeiner im Übergangsbereich von Affe auf Mensch hatte schon weit früher ein »friedliches«, ein nicht »raubtierähnliches« Gebiss, als das noch vor wenigen Jahren Stand des Wissens war. Das heißt, der Mensch war in seinem langen, langen Anlauf zum *Homo sapiens* deutlich stärker auf pflanzliche Nahrung ausgelegt, als bisher angenommen. Seine Zähne eigneten sich nicht oder kaum zu Rangkämpfen, woraus die Frühzeitforscher folgern, dass er sich als Hordenwesen sozial und friedlich arrangiert haben muss.

Wenn wir die etwa 1,20 Meter großen, 2009 exhumierten Affenmenschen (in deren Nachbarschaft auffällig viele Knochenreste von Erdferkel-Mahlzeiten im äthiopischen Gestein verewigt lagen) *Allesfresser* nennen, dann gebrauchen wir womöglich einen Begriff, der zu grob ist, zu unpräzise. Der Mensch ist – wie im Übrigen auch größtenteils die Menschenaffen – nicht *rein* allesfresserisch. Gerade in puncto Pflanzenverzehr konzentriert er sich auf die verdichteten Teile der Flora: auf Obstfrüchte, Körnerfrüchte, Hülsenfrüchte, Nüsse, Knollen oder Wurzeln. Blattwerk oder Gras dagegen – beides war ausgedehnt und reichlich verfügbar – sind ihm im wahrsten Sinne des Wortes verschlossen geblieben: Er kann derlei mit seinem Verdauungssystem nicht verwerten. Beim Pflanzenverzehr nehmen wir überwiegend Fruchtfleisch zu uns.

Unsere uralte »Fruchtfleisch-Präferenz« war womöglich Kultur bildender als unser Fleischhunger. Das lässt sich ganz gut ex negativo erklären, also entlang der Frage: *Was wäre, wenn es anders gewesen wäre?* Hätte der Mensch einen Wiederkäuer- oder einen Pferdemagen – wäre er also imstande, Gras in körperliche Wärme und Muskelkraft umzuwandeln –, wäre er in großen Herden durch Savannen, Steppen und Prärien gestreift. Und das sicherlich nicht aufrecht. Er hätte folglich seine Vorderextremitäten nicht als Hände ausbilden können, und ohne Hand wäre es nicht zu Handlungen und zur kulturellen Ausprägung als Mensch gekommen.

Vieles spricht dafür, dass sich der Mensch in dem langen Entwicklungszeitraum zum *Homo sapiens* ganz erheblich auf vegetarische Kost eingestellt hatte. Wir waren schon sehr früh mehr Kauer als Beißer. Mit seinem Kompromiss-Gebiss ist unser Vorläufer schließlich deutlich und nachweisbar über die Menschenaffen hinausgewachsen, deren Gebiss lange und bis heute noch in Richtung Reißen, Schneiden, Zerren und Fleischverzehr wies und weist. Man wird also zumindest für die lange Frühphase der Menschwerdung – wir reden von vielen Hunderttausend Jahren vor Beginn der Steinzeit und vor der systematischen Feuernutzung – konstatieren können, dass Fleischverzehr keine allzu wichtige Rolle gespielt hat. Das uns geläufige Bild vom Vor-Steinzeitjäger ist ein Mythos. Älter als Speer und Steinbeil ist der Grabstock, um an Wurzeln und Knollen zu kommen.

Die Essenz all dessen ist für all jene unerfreulich, die sich für ihren Hyper-Fleischkonsum einen anthropologischen Persilschein holen möchten (»So sind wir halt, wir Menschen, so waren wir schon immer. Der Schöpfergott hat uns so angelegt ...«). Wir waren den größten Teil unserer Existenz als Menschen – vornehmlich, nicht ausschließlich – Sammler. Wir waren Omnivoren mit stark vegetarischem Akzent. Und die Vorstellung, dass Knollen, Wurzeln und Nüsse nur die Sättigungsbeilagen zu Höhlenbären-Steak und Ur-Elchrücken waren, liegt weit neben der Wirklichkeit. Einer Wirklichkeit, so sollte man einschränkend sagen, wie sie sich nach neuerer Forschung zu erkennen gibt.

Die magisch anmutenden Höhlenzeichnungen von früher Großwildjagd widersprechen dem nicht. Zum einen zeigen sie, gemessen an den Hunderttausenden von Jahren Menschheitsentwicklung, eine sehr späte Phase. Zum anderen waren auch die Maler der Steinzeit Künstler und daher von bewegter Szenerie eher inspiriert als vom langweiligen Bücken und Scharren. Und das Jagen war zu Zeiten der Höhlenmalerei kein »Auf, auf zum fröhlichen Jagen«. Die Menschen waren Jäger und Gejagte und oft blieben sie selbst »auf der Strecke«.

*

Ich nehme den Artikel über den Sonntagsbraten nochmals zur Hand. Wohin einordnen: Kuriosa? Bezeichnendes? Fleischkonsum? Die Sache scheint mir klar zu sein. Die Fleischkultur des »Sonntagsbratens« war weitaus richtiger als unsere Kultur des »Fleisches satt«. Zumal unser heutiger Fleischkonsum auch weltökonomisch und ökologisch unbezahlbar wird. Mit dem Biss in scheinbar unerschöpfliche Fleischesfülle reißen wir den Armen aller Kontinente das Fleisch vom Leib. Unser Hunger auf Billigfleisch ruiniert große Teile der Menschheit und der Erde. Wir fressen unseren Planeten kahl. So sicher wie das Amen in der Kirche. Ist man ein Spaßverderber, wenn man so etwas sagt? Nein, der Spaß hat schon lange ein Loch.

Kapitel 9

Das Lied von der Erde, Mahler und die Regenwürmer

„Verbreite Schönheit
und die Schmetterlinge
kommen wieder."

Der Zauber der Musik. Normalerweise ist man als Hörer und Genießer nicht der Zauberer, sondern der Verzauberte. Aber einmal gelang es mir, zumindest die Bühne für Verzauberung aufzubauen. Und das kam so.

Eines Tages besuchte uns ein alter Freund der Familie, der Dirigent Karl Anton Rickenbacher, auf unserem Bauernhof in Holtwick im Münsterland. Damals, Ende der 70er Jahre, war er Leiter des *Westfälischen Sinfonieorchesters Recklinghausen*. Wir saßen im Stall zusammen, links waren die Bullen, rechts die Pferde. Wir ließen es uns gut gehen, es gab ein kleines Vesperbrot und einen leichten Wein. Rickenbacher sagte dann aber mit Bedauern, er müsse jetzt leider bald gehen. Am nächsten Tag stünde er als Dirigent auf der Bühne, und es gelte zuvor noch mit einer jungen Geigerin ein wenig zu proben.

»In Ordnung, Anton«, sagte ich und fügte hinzu, »wie beurteilst du die Akustik hier im Stall?«

»Wie meinst du?«

»Könnte man die Probe nicht auch hier abhalten?«

Kurze Verblüffung. Ein paar Rückfragen. Und die Sache war beschlossen. Es gab, wenige Stunden später, eine Kostprobe Mendelssohn Bartholdy, nicht vor geladenen, sondern vor Stammgästen. Die meisten lagen entspannt auf Stroh, einige hatten Loge: die Pferde in ihren Boxen. Zu meinem Erstaunen bemerkte ich, dass die Tiere deutlich auf die Musik reagierten. Die Bullen standen bewegungslos, aber es gab Regung in ihren Augen. Die Pferde reckten ihre Hälse immer noch ein Stück weiter nach vorn. Die Geige jauchzte und mit den Tieren geschah eine Veränderung, die ich so noch nicht beobachtet hatte.

Als die Musiker fertig waren, saßen wir noch eine Weile beisammen. Schließlich sagte ich: »War das nun eine Generalprobe?«

Musikgenuss kennt keine Artgrenzen: Beethovens Sinfonie Nr. 8 für – so der Einladungstext – »Kühe, Kälber, Bullen und verwandte Seelen«.

»Nein, nein, die war schon gestern, das war nur noch eine Sonderprobe für die erste Geige«, sagte Rickenbacher.

»Ich meine das anders«, entgegnete ich, »könnte das nicht der Test für ein Konzert mit vollem Orchester sein, hier? Oder besser ein Stück weit draußen, auf der Weide. Ein Konzert für zweihundert Mutterkühe?«

Rickenbacher lachte und stimmte schließlich zu, machte aber den Vorbehalt, dass die Orchestermitglieder noch zustimmen müssten.

Ich war etwas voreilig, und versprach meinen Bullen, dass sie im nächsten Sommer auf der Weide außer fettem Gras auch gute Musik serviert bekämen. Das war etwas kühn, denn zu dem Zeitpunkt wusste ich noch nicht, ob das Orchester mitmachen würde.

Die Aussicht auf ein gutes Essen und ein nicht minder gutes Honorar bewirkte den nötigen Überzeugungsschub.

Im nächsten Frühsommer stieg das Fest. Die Einladung lautete »… für Kühe, Kälber, Bullen und verwandte Seelen«. Das schockierte die Musiker: Musik für Tiere, nein, das machen wir nicht! Ich musste wiederum Überzeugungsarbeit leisten: Ich versicherte ihnen, dass die menschlichen Zuhörer, die auch anwesend sein würden, sich keinesfalls beleidigt fühlten.

Meine Idee, die 6. Sinfonie, die »Pastorale« (*Pastor* ist der Hirte) von Beethoven zu spielen, konnte leider nicht realisiert werden. Aber es kam tatsächlich zu dem Konzert auf der Weide. An einem schönen Junitag – die Sonne schien, die Kühe waren auf der Weide, die eingeladenen Menschen standen als Zaungäste ein Stückchen abseits – spielte das Orchester die Sinfonie Nr. 8 von Beethoven und anschließend »Die Moldau« von Smetana. Die Zugabe war »Unter Donner und Blitz« von Johann Strauss, wovon wir an diesem Tag gottlob verschont blieben.

Ich denke, dass viele meiner geladenen Freunde mich insgeheim für leicht verrückt oder gar für einen Frevler hielten. Aber damit konnte ich leben. Ich konnte die Tiere beobachten und war sicher, dass sie etwas aufnahmen. Jeder Bauer hat einen speziellen Ruf für seine Tiere, wenn er sie holen will. Mein westfälischer Bauer rief seine »männe, männe« und holte sie damit alle herbei, bis sie im großen Rund am Zaun standen und zuhörten. Sie taten das aufmerksam, ohne sich zu rühren. (Sie hätten durchaus die Freiheit und die Möglichkeit gehabt, von dannen zu trotten und sich anderweitig zu zerstreuen.) Natürlich waren die kleinen Kälber etwas ungeduldig und zerrten an ihren Müttern herum; und bei der »Moldau« wurden auch die Kühe etwas unruhig. Wahrscheinlich fanden sie, dass die Darstellung der Natur ᴧ Smetanas sinfonischer Dichtung für sie so wichtig nicht sei, das kannten sie schließlich.

Nach dem Konzert bedankte ich mich bei Karl Anton Ricken-bacher mit einer riesigen Cervelatwurst und der Bemerkung, dass Kunst gegen Wurst ein guter Tausch sei. Sodann stürzten sich alle Anwesenden auf ein vorbereitetes Büfett. Die Tiere draußen blieben bei Weidegras. Innerhalb der nächsten paar Stunden kamen sechs Kälber zur Welt. Und ich bin heute noch überzeugt, dass die Musik diese kleine Serie angeregt und eingeleitet hat.

*

Anregungen haben bisweilen eine lange Leitung. Und ich glaube – glaube, weil wissen kann ich es nicht –, dass es eine unsichtbare Verbindung gibt, von den Smetana hörenden Rindern zu »Kunst geht in die Natur« … und mitten hinein ins Leben. Seit Mitte der 80er Jahre hat sich um das »Kunstwerk Herrmannsdorf« und das »Kunstwerk Sonnenhausen« viel Kunst eingefunden. (Das Gut Sonnenhausen war zunächst eine Produktions- und Wohnstätte der Herrmannsdorfer Landwerkstätten und öffnete nach acht Jahren Renovierung 1997 als Veranstaltungshotel seine Pforten.) Zuerst waren es nur einige wenige Skulpturen, die ich aus meiner alten Welt mitgenommen hatte. Dann kamen neue dazu.

Und richtig voran ging es ab Mitte der 90er Jahre mit unserem Projekt »Kunst geht in die Natur – Kunst arbeitet mit der Natur«. Wir hatten bekannte und unbekannte, junge und alte, männliche und weibliche Künstler eingeladen. Ich erklärte mein Anliegen. Das war leicht, weil ich eigentlich nur die Idee von Herrmanns-dorf erklären musste, also das, was sie rundum sahen: Natur für die Erzeugung von »Lebens-Mitteln« in einer ganz anderen Weise nutzen, als das üblicherweise geschieht. Achtsam und kultiviert

Gut Sonnenhausen –
der Ort, von dem aus
die Herrmannsdorfer
Landwerkstätten
geplant und entwi-
ckelt wurden.
Heute ein vielbesuch-
tes Veranstaltungs-
hotel.

handeln und nicht ausbeuterisch und verschwenderisch. Diese
Ideen, sagte ich, sollten doch wenn möglich – bei aller künstlerischen Freiheit natürlich, ohne die es keine Kunst gibt – sichtbar
und womöglich gegenständlich werden.

Wir saßen dann tagelang zusammen, gingen hinaus in die umgebende Landschaft, diskutierten und stritten auch. In einem ein-
gesetzten Kuratorium, das mitzudenken, anzuregen und schließlich auch zu entscheiden hatte, waren unter anderen der Landrat
von Ebersberg, Herr Beham, sowie der katholische Theologe Dr.
Aloys Goergen, ein Mensch mit offenem Herzen für Schönheit,
Kunst und Architektur. Und ein strenger Herr: Wenn der Streit
gar zu hitzig und laut wurde, etwa darüber, ob sich künstlerische
Aussagen hier diametral widersprechen dürften, genügten ihm
wenige Worte, um die Wogen zu glätten: »Dies hier ist ein Dialog.

Was wäre ein Dialog ohne Positionen und Gegenpositionen ... Nichts, oder?« Und einmal rief er laut in die Runde: »Die Aufklärung hat gerade erst begonnen ... Denkt nach, aber mäßigt euer Ego!« Alle erlebten und spürten, dass hier etwas Besonderes entstand.

Ich krame in alten Notizen und lese mein damaliges Fazit einer sehr langen Diskussion: »Das Natürliche ist das Werk eines Schöpfers, das Künstliche ist Menschenwerk. Wenn nun Natur und Kunst den Standort teilen, wird beides, das Natürliche und das Künstliche, bewusster wahrgenommen und erlebt.« Apropos: Das Natürliche kann man getrost sich selbst überlassen, es erschafft sich immer neu. Kunst im freien Raum muss gepflegt werden, sonst nimmt die Natur sie zurück.

Kaum besser kann die Synthese von Natur und Kunst gelingen als mit dem »Sonnenstein« von Paul Schneider. Er öffnet ein »Auge« (ein Guckloch) nach Süden zur nördlichen Alpenkette. Immer, wenn ich ihn bei uns in Herrmannsdorf betrachte, denke ich an Goethes berühmte Metapher von Sonne und Auge:

> *Wär nicht das Auge sonnenhaft,*
> *die Sonne könnt es nie erblicken.*
> *Läg nicht in uns des Gottes eigne Kraft,*
> *wie könnt uns Göttliches entzücken?*

Die Ziegen machen sich einen anderen Reim darauf. Sie lieben an heißen Tagen den Schatten auf der Rückseite und an kühleren Tagen erfreut sie der Sonnenwärmestau des Steins.

Und auch die Schweine haben ein pragmatisches Verhältnis zu der Kunst, mit der man ihnen auf die Schwarte gerückt ist. Die »Schweine-Steine« von Florentine Kotter bieten den Tieren

Flächen zum Schubbern. In die Steine sind Zeichen und Symbole geritzt. Botschaften, um sie mit Schweinerüsseln zu ertasten?

Nicht weit davon entfernt: Das Schweinsbräu. Wohin das Schwein geht, wissen wir. Oft ins Wirtshaus, post mortem. Das Schwein weiß es nicht, und wir wollen es in aller Regel nicht wissen. Unser moralisch-kategorischer Imperativ in Herrmannsdorf lautet: Der Metzger muss ein guter Hirte sein. Im Eingangsbereich zum Wirtshaus steht »Der gute Hirte« von Markus Lüpertz: eine etwas mehr als mannsgroße Bronzefigur. Das Vorbild war, so sagte man mir, die Skulptur eines antiken Opferpriesters mit einem Kälbchen auf den Schultern, das heute zentral im neuen Akropolismuseum in Athen steht.

Für mich ist dies eine der besten Arbeiten des »Malerfürsten« Lüpertz. Die Skulptur verkörpert unser Herrmannsdorfer Anliegen, Tiere zu schützen und zu beschützen – solange sie leben. Der gute Hirte weiß, dass er seine Tiere wird töten müssen, um selbst zu leben. Für mich steht über der Lüpertz-Skulptur das große Albert-Schweitzer-Wort von der »Ehrfurcht vor dem Leben«. Und hinter der Skulptur das große christliche Bild vom Guten Hirten: »Was dünket euch? Wenn irgendein Mensch Hundert Schafe hätte, und eins unter denselbigen sich verirrte, läßt er nicht die neunundneunzig auf den Bergen, gehet hin, und suchet das verirrte?« (Matthäus 18:12)

Wie das Leben oder die Natur selbst Hand anlegt, wenn man ihr Menschenwerk anbietet, zeigt uns Nils-Udo mit seinem »Blaue Blume – Landschaft für Novalis und die Romantik«. Er schuf einen Ringwall aus Erde, die bei Ausschachtungsarbeiten liegengeblieben war. Die Eingangssituation in das umschlossene Tal bildet die in bayerischen Bauernhöfen übliche Rampe und das Tor zum Boden über dem Stall, auf dem Heu und Stroh für die Tiere gelagert werden. An den Tagen der Tag- und Nachtgleiche erleben wir den Sonnenaufgang im geöffneten Tor. Im Tal ließ Nils-Udo eine Vielzahl blau blühender Blumen pflanzen. Wunderschön. Aber inzwischen hat die Natur die Romantikmetapher von der Blauen Blume überwuchert; sie fällt der Metaphernsprache des Künstlers ins Wort, hat ein Wörtchen mitzureden. Sie lässt wachsen, was sie will, so wie sie es will. Nils-Udo war noch nicht zum Jäten da, ich denke, er ist einverstanden.

Viele Besucher preisen die Magie der romantischen Keltenschanze von Nils-Udo. Und sie sind tief bewegt, oft zu Tränen gerührt, von Hannsjörg Voths »Arche«. Der Künstler hat 24 große Granitfindlinge wie ein offenes, hufeisenförmiges bronzezeitliches Grab aufgestellt. Das Ganze ist ein begehbares *Memento mori* für in Bayern gefährdete oder bereits ausgestorbene Arten. 406 insgesamt, in Stein gemeißelt. Grabstein für die Gestreifte Heideschnecke und andere Ausgerottete und von Ausrottung Bedrohte. Die Eiszeit, die den Rundschliff der Steine besorgte, hat auch Tausende von Arten ausgelöscht. Aber die heutigen globalen Ausrottungsfeldzüge des Menschen gegen die Artenvielfalt sind Vivisektionen am Leben selbst.

Gerne gehe ich durch den »Bienengarten« von Jeanette Zippel. Verschiedene Skulpturen – einige erinnern an die berühmten Statuen auf den Osterinseln – fügen sich zu einem gestalteten Lebensraum für Wildbienen. Die Nahrungsblumen wachsen beidseits eines geschwungenen Pfades, der dem Sicheltanz der Honigbienen nachempfunden ist.

Dieser Tage sind wir Zeugen eines großen, globalen Bienensterbens. Einige Experten streiten sich, was denn das Tödlichste unter den diversen todbringenden Ursachen sei: die Agrarchemie (vor allem ein Nervengift, das eigentlich dem Maiszünsler gilt,

24 Granitfindlinge bilden die »Die Arche« von Hansjörg Voth.
Als Memento für in Bayern gefährdete oder bereits ausgestorbene Tiere
sind in die Innenflächen der Findlinge 406 Namen
der rund 10 000 Tiere der Roten Liste von 1992 eingraviert:
Ein Symbol für den Erhalt der biologischen Vielfalt in Herrmannsdorf.

SCHNECKEN + MUSCHELN

Ausgestorben Flaches Posthörnchen
              Gestreifte Heideschnecke
              Mantelschnecke
              Längliche Sumpfschnecke
              Schöne Erbsenmuschel
              Zweizähniges Moospüppchen
              Dickschalige Kugelmuschel
              Blanke Windelschnecke
              Schlanke Tönnchenschnecke
Bedroht   Zierliche Tellerschnecke
              Flußperlmuschel
              Dreizahn-Vielfraßschnecke

ein Gift, das Bienen orientierungslos macht); ein von Menschen eingeschleppter Bienenparasit (die Milbe *Varroa destructor*); die Totalverarmung der Blütenlandschaften (Bienen verhungern schon im Frühsommer); eine einseitige Zuchtwahl auf Ertrag (und dadurch eine Schwächung des Bienen-Immunsystems). Die Klügeren unter den Experten sagen: Es ist nichts von dem *allein*, es ist der Mix aus alledem. Die Bienen sterben global: an uns. Albert Einstein wird die Prophezeiung zugeschrieben, wir Menschen könnten das Verschwinden der Bienen nur um vier Jahre überleben. Sind wir dumm-brutal genug, Einsteins Hypothese experimentell überprüfen zu wollen?

*

Als ich kürzlich an einem heißen Augusttag das »Braunbunte Fleckvieh« sah, das sich im Schatten der großen Biodiversitäts-Begräbnisstätte von Hannsjörg Voth – ganz im Norden der Herrmannsdorfer Kunstwerkelandschaft – aufhielt, musste ich wieder an unser *Konzert für Kühe* denken, Ende der 70er Jahre. Es ging mir damals um eine Danksagung in der sinnlichsten Sprache, zu der Menschen fähig sind, in der Sprache der Musik. Würde ich so ein Danksagungs-Oratorium heute nochmals wiederholen, würde ich vor Regenwürmern spielen lassen. Die haben keine Ohren, richtig! Und doch sollten sie die Adressaten sein. Denn sie sind womöglich noch wichtiger für uns als Schwein, Rind, Huhn und Bienen zusammen. Für die Regenwürmer ... »Das Lied von der Erde« von Gustav Mahler.

*

Ich musste ein alter Mann werden, ehe ich ansatzweise begriff, was Böden sind, was sie leisten und wie unmittelbar unser Schicksal an ihnen hängt. Ich wünschte, es würden mehr Menschen – jüngere, verantwortliche vor allem – begreifen, worauf wir stehen, was lokal und global unser Menschenleben trägt: das Bodenleben.

Wunder des Bodens: In einer Handvoll Erde sind mehr Lebewesen, als es Menschen auf der Erde gibt.

Wir wissen, dass Böden unsere Nahrungsmittel hervorbringen. Weniger bekannt ist die Tatsache, dass Böden neben den Meeren die geochemischen Kreisläufe und das globale Gleichgewicht zwischen Atmosphäre und Biogeosphäre (den ökologischen Systemen der Kontinente) aufrechterhalten – etwa, indem sie Kohlenstoff mittel- und langfristig binden und Spurengase so wohldosiert »festhalten« und »abgeben«, dass es für das große Ganze bekömmlich ist.

Böden sind kein zufällig entstandener Großorganismus, sie sind ein lebendiges Bauwerk. Mineralische Partikel sind durch hochmolekulare Huminstoffe so verknüpft, dass eine lockere Struktur entsteht, wie ein Haus mit Mauern und Räumen, ausgestattet mit enormem Formenreichtum. Die Hohlräume, die Bodenporen, haben vielfältige Größe und Beschaffenheit. Die großen Poren erlauben die lebenswichtige Zirkulation von Luft und Wasser, die kleinen Poren speichern das Lebenselixier Wasser über lange Zeit.

Diese Räume sind dicht belebt, vor allem durch Kleinstlebewesen. Mikroorganismen und Bakterien, Protozoen und kleine Insekten wimmeln und wuseln durcheinander. Quer durch die Poren bewegen sich größere Tiere. Regenwürmer zum Beispiel. Sie sorgen dafür, dass Nahrung eingebracht wird, sie durchmischen die Bodenelemente und graben »Kamine«, die Luft und Wasser führen. Pflanzenwurzeln wachsen durch diese Struktur hindurch und nehmen die Nährstoffe auf.

Fruchtbarer Boden ist der am dichtesten besiedelte Naturraum überhaupt. So ist eine Handvoll Wiesen- oder Ackerboden von weitaus mehr Lebewesen bewohnt, als es Menschen auf der Erde gibt. Ein Gramm Boden zählt viele Millionen Mikroorganismen in einer Vielfalt von Zehntausenden oder gar Hunderttausenden Arten. Dieser Reichtum ist kein Luxus. Er ist notwendig, um die Lebensfunktionen unter allen noch so schwierigen Gegebenheiten zu gewährleisten.

Dieser Reichtum wird trotz Nahrungsmangel, der über die meiste Zeit des Jahres vorherrscht, und trotz der Veränderungen im Laufe der Jahreszeiten (von eisig bis brüllend heiß) erhalten. Nahrung sind Pflanzenabfallstoffe oder Leichen von – im Wortsinne – unzähligen Bodentieren. Ist die Nahrung verbraucht, »verzichtet« der Boden vorübergehend auf solche Organismen, die für seine Lebensfunktionen zeitweilig entbehrlich sind. Und er reaktiviert diese Organismen, sobald sie zur Erhaltung des Gesamtsystems wieder benötigt werden. Bis heute haben wir nur eine sehr blasse Ahnung davon, wie diese dafür unentbehrliche Kommunikation funktioniert, wie entsprechende Botschaften übermittelt werden.

Wenn der Boden quasi geflutet ist, kommen die Bodenlebewesen zum Zug, die sich ohne Sauerstoff wohlfühlen. Wenn es empfindlich kalt ist, »arbeiten« diejenigen, die Kälte ertragen; und immer genau dann, wenn es nötig ist, werden diejenigen aktiviert, die Pflanzenwurzeln beim Wachsen unterstützen. Das geschieht besonders im Frühjahr, zur Zeit des großen Schubes.

Dieses Leben in seiner komplexen Vielfalt ist geordnet. Auch Bakterien sind über chemische Stoffe im Dialog. Sie geben einander Signale, um sich den Lebensraum optimal zu teilen. Und vieles leisten sie in Kooperation, zum Beispiel den Abbau von Giftstoffen, die über Luft, Regen oder Pflanzenschutzmittel in die Böden gelangen. Aber sie konkurrieren auch um Lebensraum.

Viele Millionen Lebewesen in einem Gramm Boden! Darin stecken genug genetische Informationen für alle Gegebenheiten, Informationen für spezielle Leistungen, wenn Pflanzenwurzeln Nährstoffe benötigen und auf Mikroorganismen angewiesen sind, die aus anorganischen Resten Nährstoffe aufbereiten können; wenn der Boden Huminstoffe als »Zement« benötigt, um den Lebensraum zu festigen; oder wenn toxische Stoffe abgebaut werden müssen.

Dieses »Vermögen« des Bodens zur Steuerung unvorstellbar komplexer Vorgänge ist ein Schlüssel zum Leben. Bricht er ab, etwa wegen Übernutzung, sieht es sehr finster aus auf Erden. Die

Bildung von Boden aus Mineralien dauert Jahrtausende. Etwa ein Viertel der Bodenzerstörung, die weltweit geschieht, ist Folge der Landwirtschaft, sagt der von Weltbank und Vereinten Nationen in Auftrag gegebene Weltagrarbericht. Kann man diese Landwirtschaft noch Wirtschaft nennen?

*

Falls ich also den Regenwürmern doch noch Mahlers »Lied von der Erde« vorsingen lasse, werde ich den berühmten Anfang, »Das Trinklied vom Jammer der Erde«, weglassen. Das kennen sie ja zur Genüge. Ich werde gleich zum Lied »Von der Schönheit«, vierter Satz, übergehen.

Kapitel 10

Spaziergang durch Herrmannsdorf mit einem Meisterdenker

„Alle guten Dinge haben etwas Lässiges und liegen wie Kühe auf der Weide."

Friedrich Nietzsche

Mein Englisch, das in jungen und mittleren Jahren ganz ordentlich war, ist an allen Ecken und Enden korrodiert. Deshalb war ich heilfroh, dass mein Sohn Georg aus dem Zwie- ein Dreiergespräch machte. Wir nahmen Amory Lovins – 2009 vom *Time Magazine* zu den »100 einflussreichsten Menschen der Welt« gerechnet – in die Mitte und sein Genie strahlte gleichmäßig nach beiden Seiten auf uns ab. Amory Lovins hat dieses Strahlen von innen, hat eine unbändige Lust an Energiefragen und deren Lösung, hat die seltene Gabe, diffizile Fragen – ohne Kompromisse auf Kosten der Richtigkeit – einfach und klar zu beantworten. Nicht zuletzt dafür erhielt er den Alternativen Nobelpreis.

Während wir durch Herrmannsdorf gingen, blieb er dann und wann stehen und machte Notizen in einer winzigen Schnellschrift, quittierte die Vermerke jeweils mit einem schwungvoll gesetzten Punkt. Und nach jedem Punkt schaute er mit seinem typischen Erkenntnislächeln auf: Wieder ein Bausteinchen für eine bessere Welt gesammelt!

Mein Sohn Georg und ich hatten uns vor Lovins' Besuch ein wenig eingelesen. Wir wussten, dass der lebende Zeitgenosse mit den (vermutlich) meisten Umweltpreisen und Eco-Auszeichnungen weltweit noch vor Kurzem begründete Bedenken gegen das *Fracking* geäußert hatte, gegen das neue US-Business, durch Verpressen von Wasser und Chemie tief unter der Erde Erdöl und Erdgas zu fördern. Aber US-Multis und -Politiker feiern geradezu frenetisch das neue »heimatbasierte« Ölwunder – und sie feiern die abnehmende Notwendigkeit, den Zugriff auf arabisches Öl militärisch abzusichern. Ob ihn, den Anmahner einer Energiewende seit mehr als 40 Jahren, all das deprimiere, wollten wir wissen.

Nein, Fracking würde den Trend zu erneuerbaren Energien – »und Deutschland zeigt der Welt ja gerade, was da möglich ist« –

und zu mehr Energieeffizienz wohl ein wenig dämpfen, aber keineswegs stoppen oder gar umkehren.

Lovins sprühte vor Ideen, ließ sich unsere Öko-Teichanlage erklären, so als sähe er dergleichen zum ersten Mal, und atmete in den Schinkenreifegewölben so tief und genussvoll ein wie jemand, dessen Lunge nach langer Verengung befreit ist.

»Herrmannsdorf soll ein *Leuchtturm* sein«, sagte ich und Georg übersetzte, »etwas, woran sich andere ›Besserwoller‹ orientieren können.« Es ginge uns Herrmannsdorfern nicht darum, das Erreichte exakt nachbauen zu lassen, sondern darum, dass die guten Ideen aufgegriffen werden, dass sie womöglich noch verbessert und adaptiert werden. Und zu meiner großen Freude verstand Amory Lovins auf Anhieb, was ich meinte.

Das war zu erwarten, denn Lovins selbst hat in seinem Leben erstaunliche »Leuchttürme« gebaut. Er hatte schon ein halbes Dutzend gewichtige Preise eingeheimst, hatte als Energieberater von Jimmy Carter den Begriff »Negawatt« (für eingesparte Energie) in die Welt gesetzt, als er in den Bergen von Colorado, in einer Höhenlage, in der es winters leicht mal auf minus 40 Grad geht, sein Nullenergiehaus baute. Er hatte kurzerhand die interessengebundenen Einwände der Ölindustrie (Nullenergiehäuser seien ideologische Spinnerei) beseitigt, indem er deren Machbarkeit nicht irgendwo im sonnigen Kalifornien, sondern am unwahrscheinlichsten, weil klimatisch ungünstigsten Ort bewies, der ihm erreichbar war. Hoch in den Rocky Mountains.

Nein, Herrmannsdorf ist nicht gerade der unwahrscheinlichste Ort, um eine Landwerkstatt aufzubauen, in der vom Regenwurm bis zum Räucherschinken, vom winzig kleinen Springschwanz im Boden bis zum krustigen Emmer-Brot alles mit öko-gerechten Dingen zugeht. Herrmannsdorf liegt am Ostrand des Münchner

Speckgürtels, nicht in irgendeinem Landfluchtgebiet in Brandenburg. Ich denke, Leuchttürme müssen an begünstigten Orten stehen, damit sie weit gesehen werden. Das, was sie erhellen können, wird sich dann fast zwangsläufig auch an schwierigen Orten finden. (Von Russland, unserem *Leo-Tolstoi*-Leuchtturm, der keineswegs in günstigem Umfeld steht, habe ich bereits gesprochen.)

Herrmannsdorf ist aus der Luft betrachtet ein herrlich grünes Karree aus drei großen Scheunen, die überwiegend Produktionsräume sind, und einem Gutshaus mit Erkertürmchen im schönsten Art-déco-Stil. Dazu kommen einige kleine Nebengebäude, Garten- und Freiflächen, ein Biergarten, ein Esslokal und ein Hofladen. Und das Fluidum natürlich, das sich nicht so leicht beschreiben lässt. Bei der Gestaltung von Herrmannsdorf fühlte ich mich ganz besonders der Idee des Gesamtkunstwerks von Joseph Beuys verpflichtet, wie er sie anlässlich seiner berühmten Hamburger *Spülfeld-Aktion* (1983) entwickelt hat: Es dürfe nicht darum gehen, den Außenraum mittels einer »weitgehend äußerlichen Dekorationstechnik verkommen« zu lassen. Nein, so Beuys, der zu gestaltende Raum müsse zur »sozialen Plastik« werden, die alle Bereiche der menschlichen Kreativität, insbesondere auch die Entwicklung der Lebens- und Arbeitsbedingungen, umfasse.

In diesem Sinne hatte ich in den 70er Jahren noch als Chef der *Herta*-Wurstfabriken begonnen, Kunst in die Produktionsräume und Schlachthäuser zu holen. Eine Beuys-Adaption, die dem Meister bei einer Besichtigung 1984 (also kurz bevor *Herta* an Nestlé überging und das Kunstwerke-Ensemble in Auflösung geriet) sehr gefallen hatte. Dazu fällt mir eine schöne, kleine Szene ein: Beuys hatte sich in einen Winkel zurückgezogen, nachdem er die Werke berühmter Künstler wie Wolf Vostell und Norbert Kricke abgeschritten hatte, und er sah ein wenig erschöpft aus. Ich überlegte gerade, wie wir – Beuys wirkte damals, keine zwei Jahre vor seinem Tod, schon gesundheitlich angegriffen – den weiteren Rundgang verkürzen könnten, als Beuys sagte, ein gutes Leberwurstbrot der alten Art hätte er jetzt gerne, er sei ja schließlich Sohn eines Metzgers vom alten Schlag …

*

In Herrmannsdorf hatten wir die Chance, der Idee des Gesamtkunstwerks noch näherzukommen. Aber es galt auch hier, »optimale Arbeitsbedingungen und Wirkungsstätten von Kreativität« schön und sinnvoll zu vereinen. Die Überzeugung, die mich bei der Gründung Herrmannsdorfs 1986 leitete, war die, die mich schon mein Leben lang begleitet hat: Ideen brauchen Erdung. Und Erdung geschieht am ehesten, wenn man etwas praktisch erprobt. Dem Denken muss praktisches Handeln folgen, oder wie es einer der bedeutendsten Denker des 17. Jahrhunderts, der Philosoph und Mit-Inspirator der amerikanischen Verfassung John Locke, ausdrückte: »Die Handlungen sind die besten Auslegungen der Gedanken.«

Die Herrmannsdorf-Idee war und ist ein Dreiklang: ökologisch, handgemacht und regional. Mein Sohn Karl, der seit Mitte der 90er Jahre Herrmannsdorf leitet, hat den Begriff »fair« hinzugefügt. Damit ist die Notwendigkeit gemeint, den Produzenten faire Preise zu zahlen, sie nicht in Konkurs oder Armut zu treiben oder sie zu zwingen, an der Qualität zu sparen.

Ich wollte bewusst weg von der industriellen Fleischproduktion mit all ihren Unerträglichkeiten. Geplant war und ist eine Rückkehr zur handwerklichen Erzeugung, allerdings eine Rückkehr ohne »schlechte Romantik«, will sagen: ohne Technikfeindlichkeit. Und unter Wahrung ökonomischer Leitlinien. Die Produkte

sollen aus der Region für die Region sein. Denn »bio« und »öko«
machen sich mächtig unglaubwürdig, wenn jede Leberwurst mit
Hunderten von LKW-Kilometern belastet ist und jede Speckseite
von einer Seite der Republik zur anderen kutschiert wird, bevor
sie in eine Pfanne fällt. Und dann wollten und wollen wir – wahrlich nicht zuletzt – zu den Tieren fair sein. Also ein Vierklang:
ökologisch, handgemacht, regional und fair (das auch zum Credo
von Slow Food gehört).

Den Plan, das alles an einem Ort beispielhaft zu demonstrieren
und zu realisieren, fassten wir damals unter dem Motto zusammen: »Wir müssen einen Leuchtturm bauen.« Nicht, damit alle

Das Wirtshaus *Zum Herrmannsdorfer Schweinsbräu*
befindet sich in der ehemaligen Nordscheune, dem Gebäude, das auch allen
Werkstätten (Bäckerei, Käserei, Metzgerei) Platz bietet.

diesen Leuchtturm aus der Ferne bewundern oder versuchen, ihn eins zu eins nachzubauen, sondern um zu zeigen, was möglich ist. Was aber auch bedarfsgerecht abgewandelt, was anderen Verhältnissen angepasst, was verbessert und was mit zusätzlichen Ideen vorangebracht werden kann.

Im Zentrum von Herrmannsdorf stehen zweifelsfrei: die Werkstätten und der Genuss. Die Werkstätten, das sind eine Käserei, eine Bäckerei, eine Metzgerei (der zugeordnet: ein kleines Schlachthaus) und eine Brauerei. Unter Genuss subsumieren wir einen Biergarten, ein Wirtshaus und einen Hofmarkt.

Die Pflanzen und Tiere kommen – sofern wir sie nicht unmittelbar in Herrmannsdorf selbst aufwachsen lassen – aus der nahen Nachbarschaft: Rinder, Kälber, Schweine, Schafe, Geflügel, Eier, Milch, Milchfrischprodukte, Käse, Getreide, Kartoffeln, Obst und Gemüse. Die Verarbeitung geschieht in der Tradition guter alter Handwerkskunst. Was aber nicht bedeutet, dass wir Böttcherfässer statt Edelstahlbottichen benutzen oder auf elektrobetriebene Zerkleinerer verzichten.

Wir produzieren unseren eigenen Dünger. Mit dem Schweinemist und anderen, in Herrmannsdorf anfallenden organischen Materialien betreiben wir über eine Biogasanlage ein kleines Kraftwerk, das Strom und Wärme liefert. Das rechnet sich besonders gut, wenn die Wege kurz sind.

Wenn ich Gäste und Interessenten – selten sind es so prominente wie Amory Lovins – durch Herrmannsdorf führe, verweile ich gerne etwas länger an unserer Biogasanlage. Hier lässt sich besonders gut zeigen, was eine sorgsame Ressourcennutzung ausmacht. Die Anlange läuft schon seit 25 Jahren. Aus dem Schweinemist entsteht mithilfe von zig Millionen Bakterien Methangas, das einen Motor antreibt, der Strom und Wärme für Herrmannsdorf erzeugt. Die Gülle wird dabei in ein wertvolles Gärsubstrat umgewandelt, das nicht mehr stinkt, unsere Atmosphäre nicht belastet und darüber hinaus auch noch sehr gut für ein reiches Bodenleben und gute Bodenfruchtbarkeit ist: Dünger! Er bietet eine natürliche Grundlage für die Ernährung von Pflanzen.

In die Herrmannsdorfer Biogasanlage gelangt auch Kleegras. Zehn Prozent unserer Anbaufläche dient der Energieerzeugung – so wie früher die Arbeitspferde eines Bauernhofes ein Zehntel der Anbauflächen für ihr Futter brauchten. Nicht verwunderlich, dass Lovins dieser Aspekt mehr interessierte als »meine Glücksschweine« in der »Symbiotischen Landwirtschaft«, die ich mir in Herrmannsdorf eingerichtet habe.

Für alle unsere Brote verwenden wir ausschließlich wertvolles Korn aus Herrmannsdorf und benachbarten Bio-Betrieben. Im Gegensatz zu vielen anderen, die lediglich den Mehlkörper verwenden, wird bei unserem Vollkornbrot das volle Korn mit dem Keimling und allen sieben Schalen vermahlen. So können wir sicher sein, dass alle Vitamine, Enzyme und Ballaststoffe erhalten bleiben, die von Natur aus den Kern der Sache ausmachen. Und weil der Keimling empfindlich ist und schnell ranzig wird, mahlen wir das Korn, das wir verbacken, jeden Tag frisch in unserer Steinmühle. Dem Mehl wird dann nur noch Wasser, Meersalz und natürlicher Sauerteig zugesetzt sowie oft noch Gewürze.

Großer Beliebtheit erfreut sich unser Emmer-Brot. Ich lasse eigentlich keine Backstubenbesichtigung, an der ich beteiligt bin, geschehen, ohne ein paar Worte zu diesem Getreide zu sagen, das auch als biblisches »Brot der Essener« in Erinnerung geblieben ist. Schon in der Steinzeit war Urgetreide wie Emmer, Einkorn und Dinkel ein Hauptnahrungsmittel. Heute ernten den Emmer vor allem *Demeter*-Bauern. Ein höchst erstaunliches Korn, nicht

Neben der Vollkorn-Natursauerteig-Bäckerei ist Herrmannsdorf
eines der letzten Reservate für Käse aus roher Milch.

nur wegen seiner wertvollen Inhaltsstoffe wie Mineralien, Carotin
und überdurchschnittlich viel Protein, sondern auch wegen seiner
Widerstandskraft gegen diverse Krankheitserreger. Aber das muss
man gar nicht mal wissen, die meisten Emmer-Freunde schätzen
den würzigen Geschmack und das Bewusstsein vollwertiger Ernährung.

Vollwertigkeit ist auch das richtige Stichwort für unsere Rohmilchkäserei. Herrmannsdorf ist eines der letzten Reservate für Käse aus roher – nicht per Hitze behandelter – Milch. Die vierbeinigen Zulieferinnen stehen in unmittelbarer Nähe auf ökologischen Höfen. Die Milch fließt auf kürzestem Weg direkt in die Käsekessel. Die Herrmannsdorfer Hartkäse reifen viele Monate lang in unseren Erdreifungsgewölben. Das Ziegelmauerwerk und ein raffiniertes Belüftungssystem sorgen für einen optimalen Reifeprozess.

Es kann passieren, dass Besucher, auch gerade fachkundige, zu bedenken geben, dass das reichlich viel Aufwand sei. Ich sage dann nichts und stecke ihnen ein Stück «Alten Herrmannsdorfer nach Art des Parmesan» zwischen die Zähne. Die Antwort schmeckt allen. Übrigens auch Lovins, der mit einem großen Lausbubengrinsen »Gimme some more!« sagte.

Aber man muss sie schon noch vertiefen, die Antwort. Ohne Frage ist die Herstellung hochwertiger »Lebens-Mittel« teurer als die industrieller, oft minderwertiger Nahrungsmittel. Aber das Teure kommt uns nicht so teuer wie das mit aller Gewalt Billige. Es verursacht keine gesundheitlichen Folgeschäden von der Art, wie sie bei »leerer« Nahrung, voll mit billigem Zucker, Fett, Wasser und chemischen Zusätzen nicht ausgeschlossen werden können. Was im Einklang mit der Natur produziert wurde, ruiniert nicht die Böden und verursacht keine versteckten Folgekosten, zum Beispiel Grundwasserbelastung und Erosionsschäden auf monokulturell bearbeiteten Flächen. Kosten, die gigantisch hoch sind, aber nie in offiziellen Bilanzen auftauchen. Fleischwaren und pflanzliche Nahrung aus industrieller Billigproduktion können nur deshalb billig sein, weil die Folgekosten ausgelagert und der Allgemeinheit angelastet werden. Das Fett von industriell aufgepäppelten Turbotieren macht fett, das Fett von würdevoll gewachsenen Tieren ist Medizin, vorbeugende. Das traue ich mir nach lebenslangen Erfahrungen und Beobachtungen zu sagen, auch vor versammelten Ärzten.

Aber wenn die Preise die Wahrheit sagen, also wenn gutes Fleisch so produziert wird, dass die wahren Entstehungskosten nicht externalisiert werden, wird es laut. Protest, wütende Gegenrede! Ich habe mir nicht alle Beschwerden oder Schmährufe merken können, insofern ist diese kleine Aufzählung nicht vollständig und schon gar nicht repräsentativ: »Herrmannsdorf, das ist ein nobler Feinkostladen für Betuchte!« »Der alte Schweisfurth will den Malochern ihr billiges Lidl-Nackensteak vom Feierabendgrill nehmen!« »So kann man doch nicht irgendwann zehn Milliarden Menschen ernähren?« Und immer wieder: Das sei doch »Öko-Romantik« … oder der Traum eines reichen Mannes, der die Chance gehabt hätte, im letzten Drittel seines Lebens tätige Reue für das zu betreiben, was er in den ersten zwei Dritteln angerichtet habe.

Zur Romantik! Die Versuchung ist groß, an dieser Stelle eine kleine semantische Putzaktion einzufügen: die »Romantik« aus der schmachvollen begrifflichen Verengung zu befreien, die üblich geworden ist. Romantik ist eine Epoche nach den verheerenden napoleonischen Kriegen und ein kultur- und kunstgeschichtlicher Strom, der Gefühl, Naturverständnis und Schönheitssinn aus dem Schlagschatten der Rationalität geholt hat. Heute wird Romantik meist im Sinne von Sentimentalität, von Weltfremdheit und gedanklicher Inkonsistenz verwendet.

In diesem Sinne … Nein, liebe Leute, es ist *nicht* Romantik. Es ist Wirklichkeit. In Herrmannsdorf haben rund 200 Menschen gute und interessante Arbeit. Da sind rund 100 Bauern, die ihre Tiere so halten, wie es ökologisch und tierethisch geboten ist, und die dafür einen gerechten Preis bekommen. Und es gibt 20 000 bis 25 000 Kunden in unseren Läden, die darauf vertrauen, Lebensmittel in höchster Geschmacks- und Gesundheitsqualität zu bekommen. Das rechnet sich.

Obwohl wir uns beim Aufbau von Herrmannsdorf bisweilen verrechnet haben, weil wir mit diesem und jenem nicht gerechnet hatten. Lehrgeld … und das nicht zu knapp! So glaubten wir zum Beispiel, die räumlich befreiten Muttersauen seien noch instinktsicher genug, um richtig mit ihren Ferkeln umgehen zu können. Waren sie nicht! Einige fraßen ihre Kinder. Erst die alten, robusten »Schwäbisch-Hällischen«, die wir schon bald auch wegen ihrer guten Fleischqualität nach Herrmannsdorf holten, kriegten das mit der großen Schweinefreiheit auf der einen und Mutterpflichten auf der anderen Seite perfekt auf die Reihe.

Und als es darum ging, für unsere Warmfleischmetzgerei einen fähigen Betriebsleiter zu finden, vertraute ich darauf, dass ein sehr gebildeter Fleischtechnologe – begeistert und begierig, so dachte ich mir das – die Synthese finden und umsetzen würde: neueste Hygienestandards und kluge Technologie einerseits, die großen Vorzüge der alten Warmfleischmetzgerei andererseits. Das ging schief. Der junge Mann war – wie auch ich Jahrzehnte vor ihm – der Faszination der Maschinen und des schnellen »processings« und all der Zusatzstoffe, die dem Metzger das Leben bequemer und sicherer machen, erlegen. Warmfleischmetzgerei empfand er eher als schrullige Arbeitserschwernis. Wir fanden dann rasch jemand anderes, Jürgen Körber, dem man anmerkt, dass ihm gutes handwerkliches Schaffen Freude macht. Von diesen optimistischen Trugschlüssen und naiv-freudigen Erwartungen gab es einige, glücklicherweise nicht so viele, dass es uns aus der Bahn geworfen hätte.

Herrmannsdorf ist kein Modell zur Überwindung des Welthungers. Herrmannsdorf kann man nicht überall auf jeder beliebigen grünen Wiese nachbauen. Und es ist sicher kein Zufall, dass Herrmannsdorf am südöstlichen Rand des Münchner Speckgürtels liegt und nicht in der Oberlausitz oder am *Herta* (heute Nestlé)-Standort in Herten, Westfalen.

Und ja, es stimmt, unsere Produkte sind teurer: weil sie wertvoll sind und Wertschätzung verlangen. Und weil wir dabei bleiben, dass Lebensmittelherstellung auch und zu sehr guten Teilen etwas Handwerkliches ist und bleiben muss. Die totale Rationalisierung ist irrational. Irrational, weil unvernünftig schon auf mittlere Sicht.

Zu den Kosten von Lebensmitteln – den wahren und den wahrlich falschen – ist viel gesagt geworden. Lebensmittel können heute so empörend billig sein, weil die wahren Kosten ihrer Produktion versteckt gehalten und uns Verbrauchern nachgereicht werden.

Mit der Einsparung an Ausgaben, die wir im statistischen Durchschnitt für Lebensmittel tätigen, wurde *das* finanziert, was in Deutschland allgemein dem Lebensstandard zugerechnet wird, etwa: alle vier Jahre ein neues Auto, alljährliche Fernurlaube, relativ große Wohnflächen und sicherlich auch viel Sinnvolles. Die armen Schweine, von denen an jedem Tag rund 153 000 in Deutschland sterben, subventionieren die Lufthansa und TUI, Ikea und VW, Flachbildschirm- und Spielkonsolenhändler. Würden Lebensmittel wirklich *das* kosten, was sie kosten müssen – wenn der ökologische Fußabdruck nicht länger ein Tritt ins Gesicht der Erde wäre –, dann würde sich einiges umschichten und der Anteil an den Lebenshaltungskosten von jetzt zwölf auf vielleicht 16 Prozent steigen.

Der Geschmack der Zeit: Metzger Jürgen Körber prüft in den Gewölbekellern
der Landwerkstätten den Reifegrad eines Herrmannsdorfer Schinkens.

Umschichten? Wo? In den häuslichen Finanzplänen der Konsumenten. Konkreter: im Finanzplan der Wenig- und der Normalverdiener. Nicht in denen der Reichen. Dass sich reiche und wohlhabende Menschen beides und alles leisten können – etwa Seychellen-Urlaub und luftgetrockneten Parmaschinken von nicht gequälten Schweinen –, weiß ich wohl. Aber ist das ein Killer-Argument gegen die Vernunft auf dem Teller?

Ich habe mir einmal vorrechnen lassen, wie viel finanzielle Mehrbelastung auf eine vierköpfige Mittelstandsfamilie zukommt, die sich konsequent *bio* und *fair* ernährt, gemessen an einer Familie, die konventionell einkauft und isst. Dieses Mehr ist für ein geschätztes Drittel der deutschen Bevölkerung, gemeint ist hier das obere, kaum der Rede wert. Für ein Drittel, das mittlere, wäre es mit etwas Planung und partieller Einschränkung an anderer Stelle verbunden. Und für das untere Drittel, die Wenigverdiener, die Hartz-IV-Empfänger, die Armutsgefährdeten?

Wenn mich jemand fragt – und etliche argumentieren in dieser Frageform: Schweisfurth, was ist denn mit dem unteren Drittel der Gesellschaft, ist nicht der Verzehr von (Billig-)Fleisch ein Recht auch jener, die mit jedem Cent knapsen müssen? Soll denn Fleischverzehr zur Status-, wenn nicht gar zur Klassenfrage werden? Dann bleibt nur die Feststellung: Ja, es wird auch in Mitteleuropa Menschen geben, die nicht so sehr die Einsicht, sondern Mittelknappheit zur »Entfleischlichung« ihrer Küche zwingt. Dem ist so. Ich kann es nicht ändern. Und es ist im Übrigen etliche Male vorgerechnet und praktisch erprobt: Man kann auch mit wenig Geld sich und seine Familie ökologisch gut ernähren, wenn man erstens weniger Fleisch isst, zweitens häufig selbst kocht, drittens wenig Vorgefertigtes kauft und viertens nichts wegwirft.

Herrmannsdorf ist kein Modell, den Globus zu befrieden oder den Nord-Süd-Konflikt zu lösen. Aber es ist ein lebendiges Muster mit Wert ... für viele, die vieles adaptieren, übernehmen, überprüfen, abändern und neu entwickeln wollen. Für Menschen, die von Tierquälerei à la Intensivtierhaltung buchstäblich die Schnauze voll haben – und das sind immer mehr. Laut Meldung des Vegetarierbundes Deutschland von Ende September 2013 ernähren sich bereits sieben Millionen, das entspricht acht bis neun Prozent der Gesamtbevölkerung, vegetarisch. Und die Veganer, Menschen, die auch Tierprodukte wie Eier und Milch (pur oder in diversen Verarbeitungsformen) nicht zu sich nehmen, werden nicht mehr in der Ecke der esoterischen Spinner verortet, in die vor allem die veröffentlichte Meinung sie lange gestopft hat.

Die genannten Zahlen basieren auf Umfragen des Magazins *Focus* und des Meinungsforschungsinstituts *Forsa*. Zieht man weitere Umfragen hinzu, ergibt sich für Deutschland eine deutliche Tendenz: weg vom Fleisch!

Und egal, wo zwischen Rügen und Konstanz, Berchtesgaden und Emden neue Ställe für Massentierhaltung »hingepflanzt« werden sollen, sei es für Schweine- oder für Geflügelmast, fast überall regt sich Widerstand. Gut so! Nur ist es leider häufig so, dass unter denen, die Banner mit der Aufschrift »Keine Massentierhaltung!« hochhalten, etliche sind, die Wert darauf legen, dass sie – etwa wenn sie vom Protest hungrig nach Hause kommen – ein Kilo Kotelett im Kühlschrank vorfinden, das keinesfalls mehr als 3,99 Euro pro Kilo gekostet haben soll. Wer auf solchen Aldi- oder Lidl-Preisen besteht, tut mehr für die Intensivtierhaltung, als er protestierend dagegen tun kann. Er oder sie kauft und nimmt in Kauf: Tierquälerei, Boden- und Trinkwasserzerstörung, totalen Antibiotikaeinsatz und die Zerrüttung lokaler Märkte in der Dritten Welt, was wiederum dem Hunger Vorschub leistet. Ein Kilogramm Kotelett für nicht mal vier Euro ist ein unethisches Produkt. Genauso wie ein T-Shirt für 3,99 Euro, für dessen Herstellung in Indien oder Bangladesch Menschenleben zerschlissen werden.

*

Wir haben unsere Herrmannsdorf-Besichtigungsrunde so gut wie beendet. Ich frage Amory Lovins, wie er, seit gut 40 Jahren mit dem Raubbau am Planeten Erde befasst, das eigentlich aushält: diese Flut von schauerlichen Nachrichten, den Vormarsch von Dummheit und Raffgier, die Schöpfungsvergessenheit der Geld-Gläubigen und ja, auch der Gott-Gläubigen. Die Wiederkehr der Wall-Street-Heuschrecken, gegen die die afrikanischen sechsbeinigen Namensgeber harmlose Tierchen sind. Harmlos in Welt-Schadensdimensionen bemessen. Das alles halt ... Und wie war das noch gleich mit seinem Drei-Liter-Auto in Carbon-Karosse, das er vor mehr als 15 Jahren begleitet vom Hohngelächter der Autobranche fahrbereit vorgestellt hatte?

Lovins lacht, unwiderstehlich, und sagt: » *We shall overcome ...* Wir werden uns auf lange Sicht durchsetzen, ich habe es genau durchgerechnet!«

Kapitel 11

Mein letzter Tafelspitz
... auswärts

„Der Wert einer Kultur
mißt sich daran,
wie sie sich gegenüber
ihren Tieren verhält."

Mahatma Gandhi

Als meine Enkeltochter, die bei mir in Herrmannsdorf lebt, fünf oder sechs Jahre alt war, fragte sie mich: »Opa, was ist dein Lieblingsessen?«

Eine schwierige Frage. Ich versuchte auszuweichen, sagte, dass mir mal dieses, mal jenes sehr gut oder auch mal »so eine kleine Zeit lang am allerbesten« schmecke.

Aber Anna ließ die Antwort nicht gelten: »Aber irgendwas magst du am liebsten, oder!«

Ich wiegte den Kopf hin und her und sagte schließlich: »Na ja, das Beste ist für mich gekochter Tafelspitz. Aber nur, wenn das Fleisch ganz außerordentlich gut ist und vom Schulterscherzl [österreichisch], von der flachen Schulter [bayerisch] stammt.«

»Und was ist deine Lieblingsmusik?«

Diese Frage war leichter. »Johann Sebastian Bach, die Orchestersuite 1066«, sagte ich, »komm, wir hören uns das mal an!« Wir gingen in meine große Küche – ein Wohnzimmer im großbürgerlichen Sinne habe ich in Herrmannsdorf nicht – und ich legte die Platte auf den Teller. Anna hörte eine Weile zu und sagte dann »Ich glaube, mein Lieblingsessen find ich besser …«

Die Antwort amüsierte mich, und ich sagte: »Das Allerschönste ist, eine wunderbare Musik zu hören und danach wunderbar zu essen. Aber nicht umgekehrt, mit vollem Bauch hört man nämlich nicht so gut zu …«

*

An diese kleine Begebenheit musste ich denken, als ich geschätzte zehn Jahre später während der Salzburger Festspiele (bei denen die »Kulturelite« der Welt zu Gast ist) im *Goldenen Hirschen* saß. Ich kann es nur so beschreiben: Meine Frau Dorothee und ich waren aufgewühlt vor Begeisterung. Nein, das ist keine überzogene Beschreibung: Wir hatten gerade eine absolut perfekte Darbietung von Verdis »Don Carlos« gehört. Diese Musik und der tiefe Inhalt: »Sir, geben Sie Gedankenfreiheit ...«

Ich bin nicht der geschworene Opernfreund. Musik pur – klassische und klassische Moderne – geht mir allemal mehr in Ohr und Herz als die Kombination von Orchester, Gesang und Schauspiel. Aber dieser Salzburger »Don Carlos« war drauf und dran, mein musikästhetisches Paradigma einzureißen. Umwerfend!

»Und das *da capo* ist jetzt der Tafelspitz à la Hotel Sacher in Wien«, sagte meine Frau Dorothee, ich glaube, um mein aussichtsloses Bemühen zu beenden, meine Begeisterung in Worte zu fassen. Wir stießen an. Ein Grauburgunder, nicht zu kräftig und perfekt temperiert. Der bestmögliche Aperitif für einen Tafelspitz der Extraklasse.

Tafelspitz nach der klassischen Art des Hotel Sacher in Wien geht so: Das Allerwichtigste ist das Fleisch. Das sollte von einem ausgereiften Weideochsen stammen. (Ich rede da gern von würdevoll gewachsenem Fleisch.) In keinem Fall vom Jungbullen! Das ist in der Regel zu jung und zu mager, es ist trocken und schmeckt, na ja, nach gar nichts. Mein Gusto-Stück ist von der Schulter. Schild (in Norddeutschland), flache Schulter (in Süddeutschland) oder Schulterscherzl (in Österreich). Die flach verlaufende Sehne wird zu einer feinen Gallerte, die das gekochte Fleisch wunderbar saftig macht.

Kochfleisch muss nicht so lange reifen wie Bratenfleisch. Aber eine Woche Reifung sollte schon sein. Ein möglichst großes Stück (schmeckt besser und kann man später besser in dünne Scheiben schneiden) wird drei bis fünf Stunden bei Küchentemperatur liegen gelassen, damit es nicht eiskalt ins kochende Wasser kommt und »erschrickt«. In einem großen Topf oder einer Kasserole

Wasser zum Kochen bringen. Dazu Meersalz, Pfeffer, Liebstöckl, Sellerie, Petersilie und Lorbeerblätter geben und was Ihrer Kreativität sonst noch einfällt. In das kochende Wasser den Tafelspitz einlegen. Die Poren schließen sich, Saft und Aroma bleiben im Fleisch. Jetzt herunter mit der Temperatur und drei bis vier Stunden köcheln lassen. Sie spüren beim Einstechen mit einer Nadel, wann das Fleisch zart und gar ist. Dazu eine weiße Sauce, Apfelkren und Rösti sowie einen leichten Riesling.

Ich weiß, dass so ein Ausflug in die Küche hier womöglich den Fluss der Erzählung stört, aber ich kann nicht anders: Solche Genüsse muss man teilen, und wenn schon nicht Teller an Teller, dann zumindest mitteilen. Und allzu viel Zeit dafür habe ich nicht mehr, war es doch der letzte Tafelspitz meines Lebens – außerhalb Herrmannsdorf!

Zumindest auswärts. Österreichische Nachspeisen sind eine große Versuchung. Aber der widerstehe ich leicht. Nach einem Tafelspitz, der an die oberen Ränge des Küchenmöglichen reicht, will ich nichts Süßes am Gaumen kleben haben. Das wäre wie Franz Lehár nach Beethoven. Ich lehnte mich also zurück, schaute blicklos in die Runde und teilte mit Dorothee die Freude darüber, dass unser beider Gehör auch im fortgeschrittenen Alter noch fein genug ist, um die ganze nuancenreiche Klasse einer Oper genießen zu können.

Und dann tat ich etwas, das zu einer tief greifenden, anhaltenden und folgenreichen Verstörung führte. Ich betrachtete mir die Esser (vielleicht mit einer durch Verdi geschärften Intensität) an den Nebentischen und am Tisch neben diesem Tisch. Uns am nächsten saß eine sehr beleibte Frau mittleren Alters im geblümten Kleid mit kräftig hypertonisch roter Gesichtsfarbe. Sie biss in das, was man in Österreich und Bayern ein Backhendl nennt.

Und plötzlich waren da 600 000 teilentfiederte Hühner im Raum – eine Großstallfüllung –, die in drangvoller Enge ihrem frühen Tod entgegensiechten. Und Schiffsladungen von gefrorenem Hähnchenfleisch bedeckten den Boden, weißes Fleisch für den Schwarzen Kontinent, das dort die lokalen Märkte ruiniert. Und Kaskaden von stinkendem Hühnerkot fluteten über unseren Tisch.

Ich griff mir eine Serviette, um den Ausdruck von Ekel zu kaschieren. Aber es half nichts. Der Dame gegenüber saß ein kaum weniger beleibter Mittvierziger, der ein Schweinsmedaillon zersäbelte.

Hinter ihm tauchten Gondeln mit Schweinen – die kleinen Augen schreckensstarr geweitet – in den Vergiftungskeller, in dem sie betäubt werden, bevor sie abgestochen werden. Ich wollte flüchten, aber es ging nicht. Ich war zu schwer, klebte am Stuhl … und etwas zwang mich, dem silberhaarigen Sitzriesen am übernächsten Tisch auf den Teller zu starren: Steak, hochkantig, blutig. Und ich erinnerte mich an den endlosen Zug der Rinder in Chicago.

Und dann öffnete sich die stuckverzierte Decke über mir, und Schiffsladungen von Soja schütteten uns zu … Raubbauprodukte von brasilianischen und argentinischen Feldern, »*Cash crops*«, um einen Teil der Menschheit zu mästen und den anderen seiner Lebensgrundlagen zu berauben. Der Raum im *Goldenen Hirschen* wurde zum Inferno. Und mir schwindelig.

»Was ist mit dir, Karl Ludwig?«, hörte ich wie von ganz weit weg die Stimme meiner Frau.

»Ich werde Vegetarier«, sagte ich. »Ich werde nur noch Fleisch essen, wenn ich weiß, wie die Tiere, von denen es ist, gelebt haben, wie sie ernährt wurden und wie sie zu Tode gekommen sind.«

Ich weiß nicht, ob es etwas mit diesem Erlebnis zu tun hatte, aber ich hatte vor meinem Tafelspitz-Finale gerade das Buch von Jonathan Safran Foer gelesen: »Tiere essen«.

*

Nur wenig später, vor laufenden Kameras, habe ich meine Entscheidung ratifiziert, indem ich Freunden, Bekannten und der Öffentlichkeit davon erzählte. Und später fiel auch der Begriff »Auswärts-Vegetarier«. Ich werde nur noch das Fleisch von Tieren essen, über deren Leben vor dem Tod ich Bescheid weiß. Und da das bei den Tieren, die bei uns in Herrmannsdorf gelebt haben und dort geschlachtet wurden, der Fall ist, schien mir dieser Begriff (der ein wenig nach selbstironischer Distanzierung klingen könnte) angemessen. Das gilt natürlich auch für andere ökologisch wirtschaftende Betriebe mit achtsam arbeitenden Bauern, die es ja Gott sei Dank immer mehr gibt.

Ich tue das für mich und für die Tiere. Und ein wenig denke ich auch an die Vorbildfunktion: kein Fleisch mehr essen, das auf der Basis von massenhafter Tierquälerei beschafft wurde. Kein Fleisch mehr essen, dessen Bereitstellung unverantwortliche ökologische Kosten verursacht. Fleisch, das nur noch aussieht wie Fleisch, aber kein gutes, lebensbeförderndes »Lebens-Mittel« mehr ist.

Ich denke mir, wenn ein passionierter Metzgermeister mit dem nicht akademischen Grad eines MMA (Master of Meat Art), wenn also so einer sagt: »Ja, unter diesen Umständen ist Vegetariertum, ist Fleischverzehr-Boykott angesagt«, dann setzt das ein sichtbares Ausrufezeichen.

Ich bin darauf gefasst, dass das bewitzelt wird, so nach dem Motto: »Mit über 80 Jahren werden auch die hartnäckigsten Sünder fromm.« Ich hab gelernt, mit Spott umzugehen. Unser langjähriges Konzept »Kunst geht in die Fabrik« war zeitweise ein Großabladeplatz für Hohn. Der Aufbau von Herrmannsdorf wurde bespöttelt, kübelweise! Das sei nur ein »Öko-Disneyland«. Ein »Muster ohne Wert«. »Eine Spielwiese für Leute, die ein paar Millionen im Kreuz haben.« Und so weiter.

Noch während ich dies schreibe, kommt mir ins Bewusstsein, dass ich in wenigen Tagen in Italien sein werde, in einer Landschaft, in der man fast unvergleichlich gute Schinken und Salamis hergestellt hat, als ich noch jung und auf der Suche war. Moderne Zeiten sind auch über die Parmaschinken und die *Negroni*-Salamis geschwappt. Ein alter Fleischermeister, Dottore Pietro Negroni, sagte dem jungen Karl Ludwig damals: »Salamis sind Lebewesen. Sie brauchen gute Luft wie wir Menschen. Rieche und du weißt, ob die Salamis gut werden.«

Was ist geblieben? Perfekte Technik, Effizienz, Superhygiene, kunstvolle Verpackungen … und der Name. Aber die Schinken und Salamis sind nicht mehr das, an was ich mich erinnere. Der betörende Geschmack, dieses Aroma am Gaumen haben sich irgendwohin verflüchtigt.

Und wie die Lieferanten dieser Schinken heute gelebt haben, wie sie ihre letzten Stunden verbringen mussten, ahne – nein, das stimmt nicht –, das *weiß* ich. Ich werde nur noch vor der kulinarischen Offenbarung eines echten Pata Negra in Spanien einknicken, wenn der Maestro kunstvoll dünne Scheiben davon herunterschneidet.

Kapitel 12

Eisbein mit Kant

„Unsere Tiere
auf dem Bauernhof:
wir brauchen sie,
wir essen sie.
Sie sind unsere Mitgeschöpfe.
Aber: Es sind Tiere,
keine Menschen."

Irgendjemand hat mal gesagt: Wenn du eine schwierige Sache klären willst, erkläre sie einem Kind. Am besten: einem aufgeweckten, intelligenten Kind. Kinder haben einen Geschwafel-Detektor. Sie trennen instinktiv mit großer Sicherheit all das ab, was man überflüssigerweise hinzufügt – sozusagen als Garnierung und Sättigungsbeilage für den Wissenshunger.

Das fiel mir ein, als ich mir Gedanken machte, *wie* ich meiner Enkelin Amely, zwölf Jahre alt, und ihrem Cousin Enzo, damals zehn, ein wenig »mein« Jahrhundert zeigen könnte. Amely hatte mich danach gefragt: »Opa, wie konnte es eigentlich sein, dass ...«

Das blutige, das schlimme 20. Jahrhundert also, mein Gott! Ja, ich hatte es ihr versprochen und bekam, als sie das Versprechen einforderte, plötzlich Bammel vor der eigenen Courage. Denn mir wurde schlagartig klar: Ich habe es ja selbst nicht begriffen. Und gibt es überhaupt jemanden, der den industrialisierten Völkermord in Nazi-Deutschland begreifen kann, dieses absolut Böse?

Dennoch! Der Termin war gesetzt und auch der Ort. Auf nach Berlin! Ich entschloss mich, mithilfe der Exponate im *Deutschen Historischen Museum Berlin* und ein wenig auch durch meine eigenen Erlebnisse in die Vergangenheit vorzudringen oder besser zurückzukehren in dieses Jahrhundert. Und eines war sicher. Sie würden Fragen haben: »Opa, warum ...«

Wir haben dann das Filmdokument aus dem Berliner Sportpalast gesehen, mit dem schreienden Goebbels, der Tausende dazu aufpeitscht, den totalen Krieg zu wollen. Und wir standen vor einem Foto von Menschen, die aus einem Viehwaggon wanken, auf der Laderampe vor ihnen stehen Männer in Uniform. Und man kann es nicht erklären. Nicht Zehn-, nicht Zwölfjährigen, nicht einem 80-Jährigen. Aber wissen. Wissen müssen wir es.

Wir haben dann die Abteilungen mit den schlimmsten Exzessen des 20. Jahrhunderts hinter uns gelassen, und es kam mir sehr gelegen, dass gerade eine Sonderausstellung »Parteidiktatur und Alltag in der DDR« lief. In der Schule, das wusste ich, hatte Amely schon mitbekommen, dass es vor gar nicht mal so langer Zeit zwei Deutschlands gegeben hatte. »Komisch! Es gab doch keine zwei Frankreichs und keine zwei Englands!«

»Doch«, sagte ich, »es hat mal eine kurze Zeit lang zwei Frankreichs gegeben. Wir, die Deutschen, also die Generation meiner Väter, deiner Urgroßväter, haben Frankreich überfallen und einen Teil des Landes besetzt. Und nur der Süden blieb – zumindest einigermaßen – frei. Das war, als ich ungefähr so alt war wie du jetzt. Und als Deutschland 1945, da war ich gerade mal drei Jahre älter als du, den Krieg verloren hatte, wurde unser Land in vier Bereiche aufgeteilt. Die vier Siegermächte, also die Nationen, die zusammen Hitler-Deutschland besiegt hatten, bekamen jeweils ein Stück. Und die Russen, die damalige Sowjetunion, haben ihren Teil behalten und dort einen Staat aufgebaut, der ganz anders war als unserer. Das war die Sowjetische Besatzungszone und später die DDR. Habt ihr davon in der Schule gehört?« Amely nickte, Enzo ebenfalls.

Vor dem inzwischen weltberühmten Foto des Grenzsoldaten der Volkspolizei, der über ausgerollten Stacheldraht in den Westen springt und dabei sein Gewehr abstreift, blieben wir länger stehen.

»Da war ich dabei«, sagte ich.

»Ne, nich' wirklich, oder?«

»Also nicht genau in diesem Moment. Aber ich war am 13. August 1961 in Berlin, als der Mauerbau begann.«

»Wieso warst du da?«

»Mein Vater hatte mich am 1. August nach Berlin-Spandau geschickt. *Herta* hatte da eine marode Fleischfabrik übernommen. Und mein Vater wollte, dass ich mit zehn erfahrenen *Herta*nern den Neustart vorbereite. Ich muss sagen, dass wir so bis über alle Ohren in Arbeit steckten, dass wir vom Zeitgeschehen in und um Berlin nicht allzu viel mitbekommen hatten. Am Sonntagmorgen dann bollerte es an meine Hoteltür. Aufstehen! Es sei etwas Schlimmes passiert. Die Russen mauern Berlin ein! In der Situation wusste man nicht, ob der Mauerbau der Beginn des Dritten Weltkriegs ist. Es roch brenzlig, obwohl nirgends etwas brannte. Ich stand dann mit einigen Tausend Menschen am Sowjetischen Ehrenmahl und wir schwiegen uns an. Weißt du, was das mit der Luft um einen herum macht, wenn Zigtausend Menschen schweigen …? Es ist, als würde sie dünn und elektrisch aufgeladen. Am Montag früh fehlten die Arbeiter aus den östlichen Stadtteilen in unserer gerade erworbenen Fabrik. Aber sie hat überlebt, es gibt sie noch heute.«

Amely und Enzo wandten ihr Interesse dem eindrucksvollen Modell eines riesigen Schaufelradbaggers zu, der im Braunkohletagebau eingesetzt wird. Das kam mir gerade recht: Bergbau! Da bin ich gewissermaßen zu Hause. Da kann ich in der Ich- oder Wir-Form sprechen: »Die Nachkriegs-Wirtschaft im westlichen Teil, man sagte ja auch Westdeutschland, brauchte die Kohle des Ruhrgebiets, um die Fabriken betreiben zu können, die nach dem Krieg wieder neu aufgebaut wurden. Vor allem Steinkohle, die man tief aus der Erde holen muss.«

Amely nickte, vermutlich wusste sie das schon, aber ich wollte ja versuchen, Zusammenhänge zu erklären, also fuhr ich fort: »Im östlichen Deutschland hatte man keine Steinkohle, aber jede Menge Braunkohle. Die liegt nicht tief unter der Erde. Die konnte man abbauen, indem man die obere Erdschicht beseitigte und dann die braune Kohle mit diesen Riesenbaggern abschaufelte. Es stank übrigens übel, wenn man diese Kohle verbrannte.«

Enzo legte den Finger auf ein Stück präparierte Braunkohle, rieb daran, aber der typische DDR-Wintergeruch aus Städten, Dörfern und Weilern ließ sich so natürlich nicht wahrnehmen. Museen, dachte ich mir, sollten ganzheitlich und sinnlich sein. Und dann fiel mir etwas ein, etwas, das Pädagogen den »persönlichen Merkbezug« nennen: »… Und weißt du, ohne den Bergbau im Westen hätte es die Schweisfurth-Fabriken und später *Herta* vielleicht gar nicht gegeben.«

Amely hatte schon einiges von unserer Familiengeschichte erfahren, aber der Sprung vom Schaufelradbagger im Berliner Museum nach Herten in Nordrhein-Westfalen machte sie neugierig. »Bergleute«, fuhr ich fort, »müssen besonders nahrhaft essen, sonst ist die schwere Arbeit unter der Erde gar nicht durchzustehen. Und unser erster Verkaufsschlager gleich nach dem Krieg war eine richtig derbe westfälische Fleischwurst, die die Bergleute mit unter Tage nahmen. Diese Wurst konnten wir so gut und so lange verkaufen, dass uns die Gewinne schließlich halfen, unsere Stammfabrik in Herten gut und modern auszubauen.«

Ich entschloss mich, den Lebensmittelbezug zu vertiefen, gleich nach dem Museumsbesuch. Von einem Aufenthalt hinter dem »Eisernen Vorhang«, lange vor der Wende, kannte ich noch den Namen einer Kneipe im Nikolaiviertel nahe dem Roten Rathaus. Und zu meiner großen Freude existierte die Kneipe noch. Wenige blank gewetzte Tische, eine niedrige, nikotingelbe Decke und ein Tresen, der wohl irgendwann in den 60er Jahren mit Resopal versehen worden war. Aber an den Wänden, da wo mehrere Metallschilder einer altertümlichen Bierwerbung Platz ließen, hing ein gutes Dutzend Reproduktionen von Zille-Zeichnungen.

»Wisst ihr, dass ich eine Originalzeichnung von Heinrich Zille habe? Die hängt bei uns in Herrmannsdorf im Eishaus, die habt ihr sicher schon mal gesehen, ›Der dicke Fleischer vor seinem Laden.‹ Und darunter steht in Zilles Originalhandschrift:

Meine Blutwurst, die ist gut.
Wo kein Fleisch ist, da ist Blut.
Wo kein Blut ist, da sind Schrippen.
An meine Wurscht ist nicht zu tippen.«

Amely inspizierte per Kurzrundgang die Zille-Reproduktionen, an denen über Jahrzehnte rauchgeschwängerte Luft vorbeigestrichen war und dabei unregelmäßige Wellenmuster hinterlassen hatte. Wir setzten uns an den Tisch, der sich gleich vorn an den Tresen lehnte, denn der Laden war voll.

»Weißt du, Enzo, überall in Deutschland gibt es ganz besondere Rezepte und Gerichte, die nur da, wo sie herstammen, wirklich gut sind, und …«

»Weiß ich, Weißwurst in Bayern … und so was!«

»Ja, und unsere Westfälische Fleischwurst zum Beispiel. Und hier in Berlin war die begehrte Sonntagsspeise der armen Leute nicht Sauerbraten wie im Rheinland oder Maultaschen wie im Schwäbischen, sondern Eisbein.«

»Eisbein?«

»Eisbein mit Sauerkraut. Wir bestellen jetzt mal eine Portion.«

»Drei Jabeln un’ drei Messah, wah?«, sagte die Bedienung, eine dralle Person, aber nicht so drall wie die Frauenzimmer von Zille, die er (immer einen Daumen in der Suppe) porträtiert hatte. Vielleicht auch vor hundert Jahren an genau diesem Ort.

»Nein, für mich kein Besteck, dass schaffen die jungen Leute ganz allein«, sagte ich.

Die Serviererin warf einen zweifelnden Blick auf meine Enkel. Und sie behielt recht. Nun muss man allerdings einräumen: So ein Eisbein springt einen nicht direkt an. Die Schweinehaut ist nicht knusprig und kross wie bei einer bayerischen Haxe. Eine graue, wabbelige Schwarte verdeckt das rosige Innere. Ich legte das Fleisch frei und bot Amely ein aufgespießtes Stückchen an.

»Opa, das ess ich nicht!«

»Aber versucht es doch wenigstens mal. Ich habe immer darauf geachtet, dass ich die regionalen Speisen ...«

»Ich ess das nicht. Du kannst das ja essen«, sagte Amely. Und Enzo zog eine Schnute und wandte sich ab.

»Kinder, ihr wisst, dass ich jetzt Auswärts-Vegetarier bin.«

Enzo legte seine Gabel demonstrativ weit weg, Amely stocherte ein wenig im Sauerkraut, streifte das noch leicht krümelige Kartoffelpüree mit der Gabel ab und sah mich dann an wie ... ja, wie eigentlich? ... Sie sah mich mit einer wunderbar kindlichen Direktheit an: »Du sagst doch immer, man darf kein Essen wegschmeißen?«

»Äh, ja, aber ...« Da war zum einen mein selbst gesetztes Diktum: kein Fleischverzehr – auswärts! Andererseits erklärte ich bei jeder Gelegenheit demonstrativ, dass es hochrangige *Dos and Don'ts* gibt wie etwa: Lebensmittel – vor allem solche, die vom Tier stammen – nicht wegwerfen! Ich würde jetzt zu Messer und Gabel greifen müssen. Denn zwischen einer Schultheiss-Reklame und der verblichenen Fotografie einer längst Verblichenen hing nun, nur für mich sichtbar, *Kants kategorischer Imperativ*: »Handle nur nach derjenigen Maxime, durch die du zugleich wollen kannst, dass sie ein allgemeines Gesetz werde.«

Kapitel 13

Heidebild – mehrdimensional

„Nachdenklich machen
ist die tiefste Art zu begeistern."

Albert Schweitzer

Neulich, an einem dieser sehr goldenen Oktobertage 2013, habe ich ein Kunstwerk aus Netzen gesehen. Die Schöpfer waren einige Tausend Individuen ohne Hände und Neocortex, ohne künstlerische Absicht und Konzept – und der Zufall führte Regie.

Die Heide bei Undeloh, Nordniedersachsen, war schon gut vier Wochen verblüht, aber zwischen ihren braunen Strauchbüscheln hatten Spinnen unzählige Netze zu einem einzigen Schleier zusammengewebt, in dem die aufgehende Herbstsonne den Morgentau funkeln ließ. Ein Bild von fast überirdischer Schönheit. Und beim Betrachten wurde mir das Bild unwillkürlich zum Denkstück: Netze und Netzwerke! Wie bedeutsam ist doch die große Kategorie der »Vernetzung« von Frederic Vester, die Analysefigur vom »Vernetzten Denken« geworden: für mich und für viele Weggefährten auf der Suche nach heilenden Paradigmen. Die Idee: weg vom linearen Denken! Hin zur Erkenntnis, dass die Lebenslinien der Erde fein verwoben sind und dass man keine Fäden ziehen kann, ohne dass das Gespinst reagiert.

Frederic Vester (1925–2003) war einer der wichtigen Ideengeber, als wir 1985 darangingen, einen Denk- und Forschungsraum neuer Art zu schaffen, die *Schweisfurth-Stiftung*.

Als Professor Vester mir erstmals sein kybernetisches System der lebendigen Netze, der Rückkoppelungen und Synergien erklärte, habe ich mehr genickt als verstanden. Erst einmal schien das, was er sagte, »nur« ein schöner Gedankenkosmos zu sein, wie ich ihn bei meinen Himalaja-Wanderungen mit Dorothee zu den buddhistischen Mönchen kennengelernt hatte: Alles ist mit Allem verwoben. Meinte Vester wohl eine Art Brückenkonstruktion zwischen Fühlen und Ahnen einerseits und wissenschaftlichem Wissen andererseits?

Keineswegs. *Das Netz* war keine Metapher oder Sinnbild, sondern eine Beschreibung des Seins, gewonnen aus naturwissenschaftlicher Analyse. Und es gelang Vester, mir etwas ungemein Wichtiges zu vermitteln: Theorie, also Bilder der Wirklichkeit, und die Wirklichkeit selbst kommen nur in fruchtbare Berührung, wenn man Theorie aus der Wirklichkeit schöpft und die Theoreme wieder der Wirklichkeit überantwortet.

Was ist die Schweisfurth-Stiftung?

Die Schweisfurth-Stiftung wurde 1985 von Karl Ludwig Schweisfurth als bürgerliche Stiftung öffentlichen Rechts begründet. Sie ist in einem einzigartigen Ensemble des Nymphenburger Schlosses angesiedelt und wird seit 1988 von Professor Dr. Franz-Theo Gottwald geleitet.

Das Münchner Stiftungsgebäude in einem der Kavalierhäuser des Nymphenburger Schlosses.

Die Stiftung will in der Öffentlichkeit Interesse für den Wert und die Würde des Landes sowie der Menschen, die im ländlichen Raum leben und arbeiten, wecken. Sie fördert und erprobt bäuerliche und handwerkliche Wirtschaftsweisen, die kleinräumig und regional verankert sind und in denen soziale und ethische Grundwerte wesentlich zum Tragen kommen – vor allem der achtsame Umgang mit Menschen, Tieren, Pflanzen, Boden, Wasser und Luft. Wesentliches Leitmotiv für die Stiftungsarbeit seit 2005 ist das »Gute Wirtschaften im Ernährungssektor«. Hierbei sind die Schwerpunkte: Verbesserung der Lebensbedingungen der Nutztiere; Erhalt und Entwicklung des Lebensmittelhandwerks und der Qualität von Lebensmitteln; Behandlung von Fragen der Zukunft ländlicher Räume in agrarsozialer und agrarkultureller Perspektive.

Die Schweisfurth-Stiftung entwickelt Handlungsanleitungen für die regionale Zusammenarbeit und Vernetzung selbständiger Bauern sowie Lebensmittelverarbeitern und -vermarktern, für die höchste Qualität (und nicht Masse und Billigpreise) Maßstab des Handelns ist.

Die Stiftung fördert das Bewusstsein für den Wert von »Lebens-Mitteln«, die im Wortsinn »Mittel zum Leben« sind, deren innere Qualität ganz wesentlich von ökologischen, sozialen und kulturellen Werten definiert ist.

Mehr unter: www.schweisfurth-stiftung.de

Welch ein Zündfunkgedanke! Das sollte es sein, was eine Stiftung wie die unsrige (die sich bei der Heilung des ländlichen Raumes von akuten und chronischen Übeln bewähren will) ausmachen sollte: Denken und Handeln. Denken, um zu handeln. 20 Jahre nach diesen Denkanstößen entstand die Idee einer Land-

Der Stifter im Garten der Schweisfurth-Stiftung im Gespräch
mit dem Theologen und Biologen Professor Dr. Günter Altner (1936–2011),
einem langjährigen Kurator der Stiftung.

nutzung in Symbiosen – statt in naturfernen Monokulturen. Praktisch umgesetzt hieß das: raus mit den Tieren aus den Ställen und hinauf auf die fette, grüne Weide. Und zwar alle zusammen. Vor allem die Hühner und Schweine zeigen uns, wie sehr ihnen das gefällt. Ein Schweinelachen kann nicht lügen.

Ein anderer Ideengeber in der Gründungsphase der Schweisfurth-Stiftung war der Ökosoph Henryk Skolimowski, ein großer polnischer Gegenwartsphilosoph. Er berührte den fühlenden Teil meines Herzens, als er mir sagte, das schönste Erlebnis, das die Erde bieten könne, sei ein Sonnenaufgang im Himalaja. Und er berührte den denkenden Teil meines Herzens, als er uns erklärte, dass unsere Erkenntnisbemühungen darauf gerichtet sein müssten, Entropie, Chaos und Strukturlosigkeit zu überwinden.

Letzteres mag erst mal etwas sperrig und philosophisch klingen. Ich habe es mir – mit Skolimowskis Hilfe – so übersetzt: Das Aussaugen aller Ressourcen, dieses parasitische Blutsaugen am lebendigen Planten, das sich gegen Vernunft und Moral richtet, *muss* beendet werden. Dafür braucht es ein neues Denken und eine neue Verantwortungsethik.

Skolimowski hat diese notwendige Verantwortungsethik – im Duktus des kategorischen Imperativs Kants – so umrissen:

(1) *Verhalte dich so, dass du die Erhaltung der Evolution und all ihrer Reichtümer bewahrst und beförderst.*

(2) *Verhalte dich so, dass du Leben bewahrst, was eine notwendige Voraussetzung für die Fortsetzung der Evolution darstellt.*

(3) *Verhalte dich so, dass du das Ökosystem bewahrst und förderst, was eine notwendige Voraussetzung für die weitere Entfaltung von Leben und Bewusstsein bedeutet.*

(4) *Verhalte dich so, dass du die Fähigkeiten bewahrst und förderst, welche die am höchsten entwickelten Formen des evolutionären Bewusstseins sind, nämlich: Bewusstsein, Kreativität, Mitgefühl, Spiritualität.*

(5) *Verhalte dich so, dass du menschliches Leben bewahrst und förderst, welches das Medium darstellt, im dem die wertvollsten Errungenschaften der Evolution zum Ausdruck kommen.*

(zitiert nach Henryk Skolimowski:
Dharma, Ecology & Wisdom in the Third Millennium.
New Delhi 1999)

Diese Liste mag – beim Herunterlesen – wie der Spickzettel für eine ökologische Sonntagspredigt anmuten: schön, erbaulich, aber eben nicht von dieser und für diese Welt. Oder doch? Bitte lesen Sie die fünf Punkte doch noch einmal. Langsam. Und dann denken Sie nach!

*

Die Schweisfurth-Stiftung hat sich unter ihrem langjährigen Vorstand und kreativen Gestalter Professor Dr. Franz-Theo Gottwald seit Bestehen darauf eingelassen, die fünf (Öko-)Imperative Skolimowskis zur Maxime ihrer Arbeit zu machen. In aller Kürze hier eine exemplarische Auswahl aus einer inzwischen riesigen Zahl von Veranstaltungen, Förderprogrammen und Forschungsaufträgen: Die Stiftung erarbeitete zum Beispiel die Kriterien zur Vergabe des Agrar-Kultur-Preises der Schweisfurth-Stiftung, des Pro-Tier-Förderpreises der Allianz für Tiere in der Landwirtschaft und des Innovationspreises Bio-Lebensmittel-Verarbeitung. Auch die vielfältige Bildungsarbeit im Lerngut Sonnenhausen, im Bildungswerk Kronsberghof und am Standort der Stiftung in München-Nymphenburg hat die Maximen der Evolution, der Vernetzung und der Kooperation zwischen allen Lebensformen auf vielfältigste Weise Kindern, Jugendlichen und erwachsenen Mitbürgern nahegebracht.

Bis 2008 durfte ich als Vorsitzender des Kuratoriums die Belange der Stiftung mitgestalten. Besonders gerne denke ich dabei an die zahlreichen Begegnungen mit Vordenkern zurück wie:

Hans-Peter Dürr
Tendzin Gyatsho (14. Dalai Lama)
Annette Kaiser
Margrit Kennedy
James Lovelock

Amory Lovins
Joanna Macy
Humberto Maturana
Donella Meadows
Arne Næss
Helena Norberg-Hodge
Gunter Pauli
Rupert Sheldrake
Vandana Shiva
Hartmut Vogtmann
Christine von Weizsäcker

Amory Lovins, Ökopionier und ehemaliger Projektpartner
der Schweisfurth-Stiftung, besucht die Herrmannsdorfer Landwerkstätten.
Das *Time Magazine* zählt den Träger des Alternativen Nobelpreises
zu den »100 einflussreichsten Menschen der Welt«.

Dorothee Schweisfurth mit ihrem Mann und dem damaligen
Parlamentarischen Staatssekretär im Landwirtschaftsministerium,
Matthias Berninger, auf einem Stiftungssymposium 2005.

Sie alle haben, ganz im Sinne von Frederic Vester und Henryk
Skolimowski, in ihren jeweiligen Aufgabenfeldern geforscht, haben das neue Paradigma des Lebens in Symbiosen und Netzwer-
ken klug und einladend vermittelt, so dass es auch in die meisten
anderen der Forschungs-, Bildungs- sowie Politikberatungspro-
jekte der Stiftung hat einfließen können.

*

Als ich bei meiner Wanderung gegen Mittag dieselbe Heidefläche
wieder passiere, sind die Schleier abgezogen. Aber das Netz, vor
allem sein Bauplan, ist in einem umfassenden Sinne bewahrt. Es
ist nicht zerstört, es ist verändert.

Kapitel 14

Eine ziemlich kurze Rede zum Beschluss oder The proof of the pudding is in the eating

„Es ist die Natur,
von der wir leben,
die uns ernährt und
deren Teil wir sind.
Gehen wir also achtsam
mit ihr um,
uns und unseren
Enkeln zuliebe."

Ein Tag im Juli 2013. Für mich ein sehr schöner. Einerlei, ob man nun für Lob sehr empfänglich, mäßig empfänglich oder unempfänglich ist (wo genau ich mich auf dieser Skala der Eitelkeit verorten sollte, mag ich gar nicht beurteilen), es ist ein seltsames Gefühl, wenn jemand anderes im selbst gelebten Leben »herumleuchtet«. Etwa anlässlich einer Laudatio.

Der Ehrenpreis, den mir die *Neumarkter Lammsbräu* an diesem Sommerabend verlieh, war eine schöne Sache. Und die Festrede meines alten Freundes Professor Karl Ganser war herzerwärmend. Es war spät geworden. Und das Publikum sichtbar müde. Aber man nimmt einen Preis nicht in Empfang und nickt ihn schweigend ab. Ich sollte und wollte schon noch etwas sagen.

Spontan fiel mir der Ratschlag eines klugen Menschen ein, der einmal empfahl, Reden zu vorgerückter Stunde mit den Worten »Ich komme zum Ende« zu beginnen. Aber welches Ende eigentlich? Nur das Ende einer Rede oder eines Abends? Oder das Fazit der eigenen Biografie?

Ich sah einen Gähnenden in der ersten Reihe und – das steckt ja ungemein an – seine Nachbarin, die mit Daumen und Zeigefinger ihr Jochbein massierte, um ein Gähnen zu unterdrücken. Und plötzlich hörte ich mich etwas sagen, das ich nicht beabsichtigt, geschweige denn geplant hatte:

»Meine sehr verehrten Damen und Herren,
ich werde immer öfter und immer früher morgens wach. Dann
bin ich verzagt. Wir wissen alle, was wir falsch machen, und wir
wissen genau, was wir ändern müssen. Aber warum ändern wir
nichts? Warum zieht die Karawane weiter, als ob nichts wäre?
Die Karawanenführer sind weder dumm noch böse. Sie sehen
den Abgrund, aber sie ziehen weiter.

Dann sage ich mir: Aufstehen, Alter, weitermachen.
Denk an deine acht Enkel. Guten Abend.«

Im Juni des Jahres 2088 wird mein jüngster Enkelsohn so alt sein, wie ich es war, als ich ihn an besagtem Sommerabend 2013 – sozusagen als Mahnung an mich selbst – ans Ende meiner kurzen Dankesrede setzte. Wie wird das Jahr 2088 für die Menschheit aussehen? Und für die Tiere?

Es wäre leicht, hier ein kleines Horrorszenario zu skizzieren. Man bräuchte nur die Schreckensnachrichten unserer Tage fortzuzeichnen und dabei noch ein wenig vergrößern und vergröbern. Ich lasse das. Es gibt derer schon so viele.

Aber ich will noch ein paar Worte über ein Wort verlieren: Achtsamkeit. Ich halte es für ein Zauber- oder, wenn nicht Zauber-, so doch mindestens für ein Schlüssel-Wort. Wenn es sich erfüllte, hätten wir gewonnen.

Für mich war es ein langer Weg zur Achtsamkeit. Und das, zugegeben, auch in Flugmeilen gemessen. Der Buddhismus mit seiner Hinwendung zur Achtsamkeit eröffnete mir und meiner späteren Frau Dorothee in den 80er Jahren den Weg zur existenziell-meditativen Suche nach einer anderen Lebensweise. Wir machten Reisen in alle Länder des Himalaja. Wir haben die dortigen Denkweisen und Lebenseinstellungen kennengelernt – so gut das für Reisende eben möglich ist –, und wir haben Neues aufgesogen. Wir sind gewandert, waren in Klöstern, die kaum je zuvor ein westlicher Mensch erreicht hatte. Wir haben versucht, zu meditieren, haben die fernöstliche Weise von »In der Ruhe liegt die Kraft« erlebt und erprobt.

Ich hatte zuvor nur sehr wenig über Buddhismus gelesen. Aber ich bin mir sicher, dass ich diese Religion mit allen Sinnesorganen (einschließlich Herz) erfahren – nein, richtiger: erschritten – habe. Ich habe nie den Versuch gemacht, mir diese fremde Religion denkend zu erschließen. Aber ich bin ihr über das Sehen, Hören und Fühlen nähergekommen.

Ich vergesse diese kostbaren Stunden unter dem Dach der Welt nie, dieses Sichfallenlassen. Und diesen Satz schreibend merke ich, wie schwierig, wie fast unmöglich es ist, das Erlebnis in Worte zu fassen. Ich habe damals eine andere Welt der Erkenntnis erfahren, jenseits unserer Vernunft, aber deshalb nicht unvernünftig. Da war dieses Gefühl, im Einklang mit einem »Urgrund« zu stehen. Ein Gefühl, das man schon deshalb nicht erklären kann, weil wir Menschen, wenn wir erklären, mit Vergleichen arbeiten. Wenn nichts Vergleichbares abrufbar ist, nützt auch verbales Abarbeiten nichts.

Die Aufenthalte bei den buddhistischen Mönchen haben Dorothee und mich sehr geprägt, und sie haben anhaltende Wirkungen hinterlassen. Wie und wo? Das kann ich nicht genau bestimmen, geschweige denn definieren. Ich weiß nur, dass sich mein Bewusstsein damals verändert hat. Und in Umkehrung des marxistischen Hauptsatzes vom Sein, das das Bewusstsein bestimmt, vermute ich, dass mein verändertes Bewusstsein spürbar und folgenreich an meinem Sein gerüttelt hat.

Allerdings haben die Erlebnisse nicht kurzfristig und nicht direkt in meine tägliche Arbeitsroutine bei *Herta* in Herten hineingewirkt. Ich konnte zunächst für mich keine unmittelbaren Folgerungen daraus ziehen. Was heißt denn – ins Praktische gewendet – die buddhistische Sentenz »Wenn du es eilig hast, wähle einen Umweg«? Was heißt das, wenn man an einem Montagmorgen in seinen vollen Terminkalender blickt und genau weiß, dass dessen Missachtung ein Akt von Geldverbrennung wäre und ein »Umweg« ein paar Hunderttausend Mark kosten würde?

Ich bin kein Buddhist geworden. Aber mir gefällt das Schlüsselwort des Buddhismus – Achtsamkeit – so unvergleichlich gut. Ich kann mehr damit anfangen als mit den christlichen Worten »Nächstenliebe« oder »Barmherzigkeit«. Zumal Achtsamkeit all das umfasst. Und weit mehr.

»Achtsamkeit« wurde mein Wegweiser, und ich habe, während ich diese Zeilen schreibe, den gutartigen Spott eines Freundes im Ohr, der jüngst sagte, wenn Karl Ludwig anfange zu predigen, könne man die Augen schließen und langsam bis acht zählen. Spätestens bei acht falle das Wort »Achtsamkeit«.

Als ich ab Mitte der 80er Jahre daranging, den Umgang mit Boden, Wasser, Pflanzen, Tieren, Menschen – und mit mir selbst – neu zu denken und in der Realität zu begründen, war Achtsamkeit mein Klammerwort. Das Wort, an das ich mich klammerte und das alles zusammenklammerte. Die Probe aufs Achtsamkeits-Exempel war und ist für mich Herrmannsdorf. Es ist Lockspeise und Wahrheitskriterium in einem – und von der Art, wie sie in einem berühmten englischen Aphorismus benannt werden: »*The proof of the pudding is in the eating.*« Wer wissen will, wie ein Pudding schmeckt, muss davon kosten.

Die Autoren

Karl Ludwig Schweisfurth, geboren am 30. Juli 1930, ist ein
»passionierter Handwerker und Unternehmer« in der dritten
Generation.

Fleisch und Wurst haben in seinem Leben immer eine bedeu-
tende Rolle gespielt. Auf Geheiß des Vaters begann er 1945 eine
Metzgerlehre; Lehr- und Wanderjahre führten ihn durch mehrere
handwerkliche Metzgereien in Deutschland, Frankreich und der
Schweiz. Während seines Studiums der Betriebswirtschaftslehre
absolvierte er einen fast einjährigen Auslandsaufenthalt in den
USA, wo er erstmals mit den Möglichkeiten einer industriellen
Produktionsweise in Berührung kam; vor allem der Besuch der
Großschlachthöfe in Chicago hinterließ beim jungen Schweis-
furth großen Eindruck. Im Alter von 53 Jahren folgte die Meis-
terprüfung als Schlusspunkt einer gründlichen und intensiven
Fachausbildung.

Der Unternehmer Schweisfurth wandelte den Familienbetrieb nach dem Zweiten Weltkrieg schrittweise zu einem europäischen Fleischkonzern um. Als Leiter und Hauptgesellschafter
der Unternehmensgruppe *Herta*, wenn's um die Wurst geht, Artland Dörfler, Stastnik und Casserole mit mehreren Standorten im
europäischen Ausland sowie in Brasilien und Äthiopien beschäf-
tigte er bis zu 5 500 Mitarbeiter und erwirtschaftete einen Jahresumsatz von mehr als 1,5 Milliarden Mark.

Im Jahre 1985 erfolgte die Gründung der Schweisfurth-Stiftung und der Herrmannsdorfer Landwerkstätten. 1993 sind alle

wirtschaftlichen Aktivitäten endgültig und unwiderruflich auf die Kinder übertragen worden. In dieser letzten Phase entstand die »Erste private landwirtschaftliche Versuchsanstalt für eine symbiotische Landwirtschaft« mit dem Schwerpunkt einer neuartigen Tierhaltung – immer mit dem Ziel, gutes Fleisch und gute Würste noch besser zu machen. Gleichzeitig wurde das Planungsteam Schweisfurth aufgebaut, um Unternehmer professionell dabei zu unterstützen, die Idee, von der Herrmannsdorf getragen wird, möglichst weit zu verbreiten.

Claus-Peter Lieckfeld arbeitet seit den Gründertagen der Zeitschrift *Natur* als Journalist und Autor zu den Themen Natur und Umwelt. Er schreibt für *GEO*, *DIE ZEIT*, die *Süddeutsche Zeitung* sowie *Merian* und ist Autor zahlreicher Bücher mit ökologischen Themen. Von ihm erschienen außerdem historische Romane (z. B. »Anwalt der Hexen«, 2011) sowie Kabarett-, Hörspiel- und Theatertexte.

GENIESSEN MIT VERSTAND

Genussreisen &
Restaurantporträts

Alte Nutztierrassen &
Gemüsesorten

Rezepte &
Lebensmittelwissen

Verbraucher- &
Landwirtschaftspolitik

Gemüseküche &
Obstsorten

Verantwortlicher
Konsum & Bezugsquellen

Neues aus der Slow Food-
Bewegung

Für 6,40 Euro im Zeitschriftenhandel oder bestellbar auf
www.slowfood-magazin.de